U0670515

高等职业教育电子商务专业系列教材

电商美工设计基础

主　审：闫智勇

主　编：张婷婷　刘　畅　李冬嵬

副主编：侯　瑾　陈翠翠　李　松　任海林

重庆大学出版社

内容简介

《电商美工设计基础》是一本基于工作过程系统化理念编写的全面介绍电商美工设计的教材，特点是案例有趣、动手实践、发散思维。

本书按照全国电子商务技能大赛网店开设装修赛项的考核点结合网店装修实例，共分为6个项目，内容分别为操作Photoshop、优化商品图片、设计店铺首页、设计宝贝详情页、设计活动图、设计制作网店图片。通过典型工作任务分析，设计相应的学习情境，完成任务开发，搜集相关学习材料，完成项目编写。

本书适合中职和高职电子商务专业学生和电商美工设计初学者使用，可作为培训学校、高职院校的教学参考书和上机实践指导书，也非常适合喜爱电商美工设计的读者作为参考书。

图书在版编目（CIP）数据

电商美工设计基础 / 张婷婷，刘畅，李冬嵬主编. -- 重庆：重庆大学出版社，2023.5

ISBN 978-7-5689-3614-9

Ⅰ.①电… Ⅱ.①张…②刘…③李… Ⅲ.①图像处理软件—高等职业教育—教材 Ⅳ.①TP391.413

中国版本图书馆CIP数据核字（2022）第223138号

电商美工设计基础

主 编 张婷婷 刘 畅 李冬嵬
副主编 侯 瑾 陈翠翠 李 松 任海林
策划编辑：尚东亮

责任编辑：赵 晟 尚东亮 版式设计：尚东亮
责任校对：邹 忌 责任印制：张 策

*

重庆大学出版社出版发行
出版人：饶帮华
社址：重庆市沙坪坝区大学城西路21号
邮编：401331
电话：（023）88617190 88617185（中小学）
传真：（023）88617186 88617166
网址：http://www.cqup.com.cn
邮箱：fxk@cqup.com.cn（营销中心）
全国新华书店经销
重庆市国丰印务有限责任公司印刷

*

开本：787mm×1092mm 1/16 印张：13 字数：272千
2023年5月第1版 2023年5月第1次印刷
ISBN 978-7-5689-3614-9 定价：49.00元

本书如有印刷、装订等质量问题，本社负责调换

版权所有，请勿擅自翻印和用本书
制作各类出版物及配套用书，违者必究

随着互联网的发展，电子商务已经逐渐走进各行各业，为很多人提供了创业的机会和途径，同时也衍生了"电商美工"这一类技术人才。本书从实用角度出发，采用活页教材编写体例，按照全国电子商务技能大赛网店开设装修赛项的考核点结合网店装修实例，共分为6个项目。

本书具有以下3方面特色：

1.活页式设计，结构合理

全书六大项目，通过典型工作任务分析，设计相应的学习情境，完成任务开发，采用"步骤讲述+配图说明"，各个项目之间相对独立，读者可以循序渐进地学习，也可以有针对性地学习某一章节重点加强。

2.课赛融合

本书结合全国电子商务技能大赛网店开设装修赛项的考核点，将相关内容融合到具体项目中去，学生学完后同时可以掌握大赛技能点，为职业院校学生参加技能大赛打下坚实基础。

3.以实践为主，案例丰富

本书将知识点和技能点融合到项目案例中，每个典型工作任务都分为边学边练和巩固训练两个部分，重点强调实践技能，突出对学生职业技能应用的培养。

本书凝聚了一线教师多年教学和大赛经验，由张婷婷、刘畅、李冬嵬担任主编，侯瑾、陈翠翠、李松、任海林担任副主编，闫智勇主审。由于作者水平有限，书中难免有不当之处，恳请广大读者批评指正。

同时感谢北京全道智源教育科技院院长、天津大学及南宁师范大学硕士生导师、姜大源教育名家工作室秘书长闫智勇博士和重庆大学出版社为本教材的编写和出版给予的大力支持。

编　者

2022年8月

项目一

操作**Photoshop**

典型工作环节一　分析任务

一、任务内容

小组选择打开一个图像文件，熟练讲解启动和退出Photoshop的方法，熟悉Photoshop的工作界面和图像文件的基础知识，同时对变换和移动图像的基本操作，辅助工具、参考线的使用方法等操作熟练。

二、任务目标

1.认识图像文件的不同色彩模式；

2.熟悉Photoshop的工作界面；

3.能够熟练掌握Photoshop的基础操作；

4.掌握图层操作；

5.掌握图片的二次构图；

6.掌握图像辅助工具、参考线和图像文件的基本编辑方法。

三、任务分组

学生任务分配表

班级		组号	
组长		指导教师	
组员			
任务分工			

四、任务引导

1.小组共同商议选定一个图片文件；

2.打开Photoshop，熟悉操作界面；

3.探讨矢量图与位图的区别是什么；

4.探讨图像的色彩模式有几种；

5.探讨使用Photoshop CC 2019可以对图像文件进行哪些基础操作。

典型工作环节二　基础操作

一、边学边练

（一）熟悉工作界面

熟悉工作界面是学习 Photoshop CC 2019的基础。工作界面主要由菜单栏、属性栏、工具箱、控制面板和状态栏组成，如图1-1所示。

图1-1　Photoshop工作界面

下面将对工作界面各部分进行简单介绍。

菜单栏：包含可以执行的各种命令，单击菜单名称即可打开相应的菜单。

属性栏：属性栏是工具箱中各个工具的功能扩展。在属性栏中设置不同的选项，可以快速地完成多样化的操作。

工具箱：包含用于执行各种操作，如创建选区、移动图像、绘画、绘图等的工具。

控制面板：控制面板是 Photoshop CC 2019的重要组成部分。通过不同的功能面板，可以完成在图像中填充颜色、设置图层、添加样式等操作。

状态栏：可以显示文档大小、文档尺寸、当前工具和窗口缩放比例等信息。

下面对 Photoshop CC 2019的工作界面进行详细的介绍。

1.菜单栏

菜单栏包含了11个菜单，分别是文件、编辑、图像、图层、文字、选择、滤镜、3D、视图、窗口和帮助，单击菜单名称即可打开相应的菜单，如单击"滤镜"，菜单中包含的用于添加效果的命令如图1-2所示。

下面对菜单栏中各菜单进行详细介绍。

● 文件：可以执行新建、打开、存储、关闭、置入、导入、导出及打印等命令。

● 编辑：包含对图像进行编辑的命令，有还原、粘贴、拷贝、填充、描边和变换等命令。

● 图像：主要是对图像的模式、颜色、大小等进行设置。

● 图层：主要是对图层进行相应的操作，如新建图层、复制图层、设置图层样式、添加图层蒙版、将图层编组等。

● 文字：主要是对文字图层进行编辑和管理，包括消除锯齿、创建工作路径、转换为形状及栅格化文字图层等。

图1-2 菜单栏包含的菜单项目

● 选择：主要是对选区进行操作，可以对选区进行反复的修改。

● 滤镜：主要是为图像设置不同的特效。

● 3D：主要是做一些立体的效果。

● 视图：可以对整个视图进行调整和设置，包括缩放视图、校样颜色、色域警告和显示标尺等。

● 窗口：主要用于控制 Photoshop CC 2019工作界面中的工具箱和各个面板的显示和隐藏等。

● 帮助：为用户提供了使用软件的各种帮助信息。在使用 Photoshop CC 2019的过程中，如果遇到问题，可以打开此菜单查看问题并及时地了解各种命令、工具和功能的使用。

2.属性栏

在属性栏中可以对所选工具的属性进行设置，选择的工具不同，属性栏中的内容也会发生改变。单击工具箱中的"矩形选框工具"，属性栏中显示的内容如图1-3所示；单击工具箱中的"图案图章工具"，属性栏中显示的内容如图1-4所示。

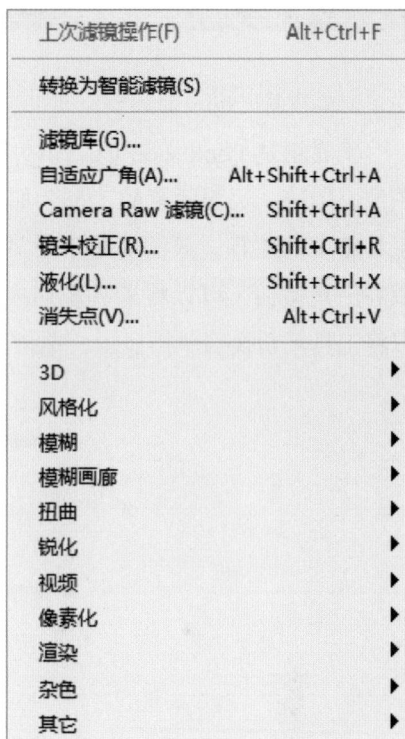

图1-3

图1-4

3.工具箱

工具箱是 Photoshop CC 2019中一个巨大的工具"集合箱",包含用于创建和编辑图像、图稿、页面元素的工具,如图1-5所示。工具箱位于工作界面的左侧,要想使用工具箱中的工具,只需要单击工具按钮,即可在文档窗口中使用。单击工具箱顶部的双右三角按钮,可以将工具箱切换为双排显示;单击工具箱顶部的双左三角按钮,可以将工具箱切换回单排显示,单排工具箱可以为文档窗口让出更多的空间。

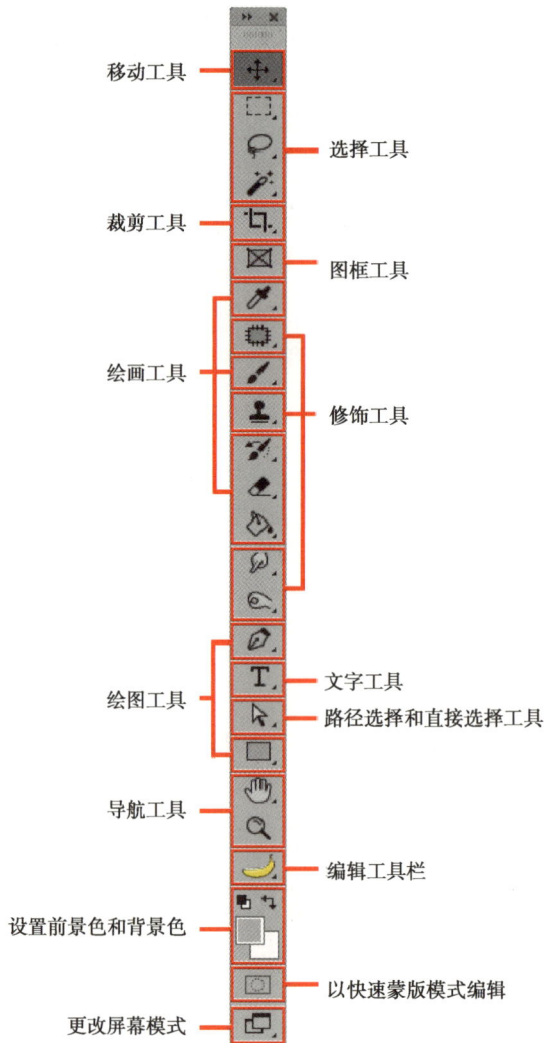

移动工具
选择工具
裁剪工具
图框工具
绘画工具
修饰工具
绘图工具
文字工具
路径选择和直接选择工具
导航工具
编辑工具栏
设置前景色和背景色
以快速蒙版模式编辑
更改屏幕模式

图1-5

默认情况下，工具箱停放在窗口左侧，将光标放在工具箱顶部的双右三角按钮右侧或双左三角按钮左侧，按住鼠标左键并向右侧拖动鼠标，可以将工具箱从左侧拖出，放在窗口中的任意位置。

若工具按钮的右下角有一个三角形，表示该工具按钮下还有其他的工具可以使用，在工具按钮上单击鼠标右键，可以显示其他工具，如图1-6所示，将光标移动到隐藏的工具上并单击鼠标左键，即可选择该工具，如图1-7所示。

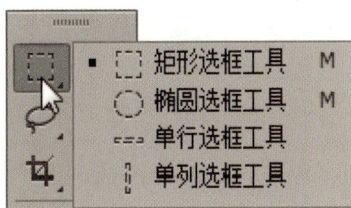

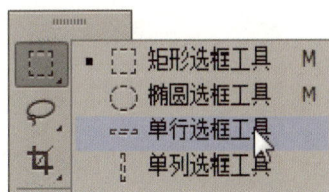

图1-6　　　　　　　　　　　　　　　　图1-7

4.控制面板

控制面板是 Photoshop 中不可或缺的重要部分，控制面板增强了 Photoshop 的功能并使其操作更为灵活。 Photoshop CC 2019中的面板主要有"颜色"面板、"色板"面板、"样式"面板、"图层"面板、"通道"面板、"路径"面板、"历史记录"面板、"信息"面板、"属性"面板和"字符"面板等，其中，"颜色"面板和"图层"面板如图1-8所示。

图1-8　　"颜色"面板和"图层"面板

5.状态栏

状态栏位于文档窗口的下方，它可以显示文档窗口的缩放比例、文档的大小、当前使用的工具等信息。单击状态栏中的按钮，打开状态栏菜单，可以在打开的菜单中选择状态栏中显示的内容，如图1-9所示。

图1-9

（二）了解基本操作

在认识了Photoshop软件的工作界面后，接下来需要了解Photoshop中的新建文档、打开和置入图像、存储图像、修改图片尺寸等基本操作。

1.新建文档

在Photoshop中不仅可以编辑一个现有图像，还可以创建一个空白文件，然后对它进行各种编辑操作。执行"文件"→"新建"命令或按 Ctrl + N 组合键，打开"新建文档"对话框，如图1-10所示。再设置对话框中的文件名称、大小、分辨率、颜色模式和背景内容等选项，然后单击"确定"按钮即可新建文件。

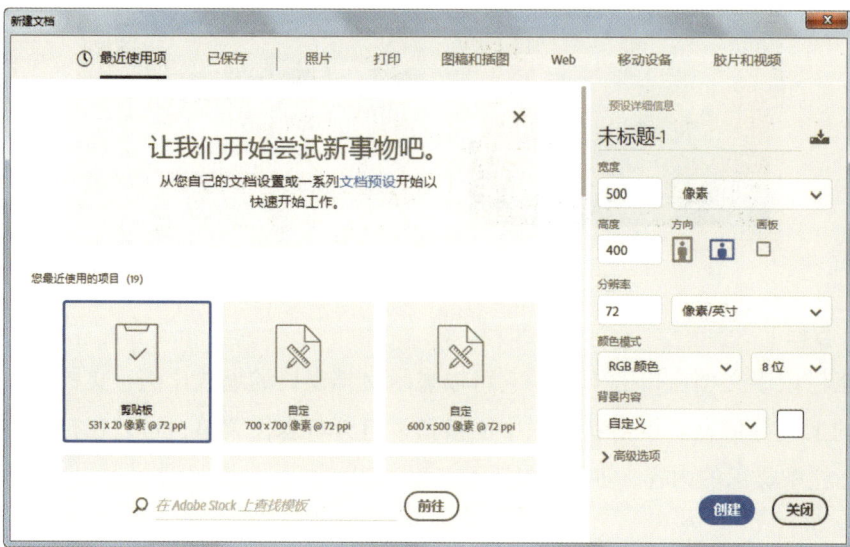

图1-10

下面对该对话框中各选项进行详细介绍。

•未标题-1：可以根据需要设置文件的名称，也可以使用默认的文件名。创建文件后，文件名会自动显示在文档窗口的标题栏中。

•宽度/高度：用来设置文件的宽度和高度。在各自的右侧的下拉列表中可以选择单位，如厘米、像素、英寸和毫米等。

•分辨率：用来设置文件的分辨率。在右侧的下拉列表中可以设置分辨率的单位，包括像素/英寸、像素/厘米。

•颜色模式：用来设置文件的颜色模式，包括位图、灰度、RGB颜色、CMYK 颜色、Lab颜色。在右边的下拉列表中可以设置文件的位深度，包括8位、16位和32位。

•背景内容：用来设置文件的背景，如白色、背景色和透明等。"白色"是默认的颜色。

2.打开和置入图像

要在Photoshop CC 2019中编辑一个图像文件，需要先将其打开。文件的打开方式有很多种，可以使用命令打开，也可以使用组合键打开。

（1）打开图像

执行"文件"→"打开"命令，会弹出"打开"对话框，选择一个文件或按住 Ctrl 键选择多个文件，如图1-11所示。单击"打开"按钮或者双击文件即可将其打开，如图1-12所示。

图1-11

图1-12

（2）置入图像

置入图像是将照片、图片等位图，以及 AI、PDF 等矢量文件作为智能对象置入 Photoshop。可以执行"文件"→"置入嵌入对象"命令，打开"置入嵌入的对象"对话框，选择当前要置入的文件，如图1-13所示；单击"置入"按钮或者双击文件即可将其置入Photoshop，如图1-14所示。

图1-13

图1-14

3.存储图像

在图像处理过程中应及时保存图像文件，养成随时保存的习惯，以免因突然断电或者死机造成文件丢失。Photoshop提供了几个用于保存文件的命令，可以用不同的格式存储文件，以便其他程序使用。

用"存储"命令存储文件：当我们需要保存当前操作的文件时，执行"文件"→"存储"命令，或者按Ctrl+S组合键，保存所做的修改，图像会按照原来的名称和格式保存。如果是一个新建的文件，则会弹出一个"另存为"对话框，在该对话框中设置文件保存的位置、文件名、文件保存类型，然后单击"保存"按钮即可。

用"存储为"命令存储文件：如果要将文件保存为另外的名称和其他格式，或者存储在其他的位置，执行"文件"→"存储为"命令，在打开的"另存为"对话框中保存文件，如图1-15所示。

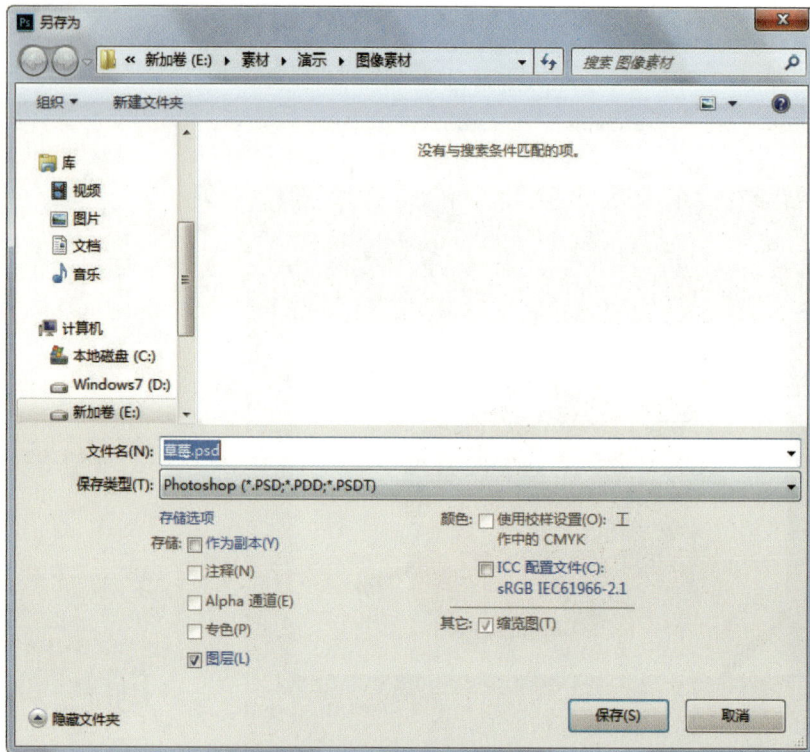

图1-15

4.修改图片尺寸

使用"图像大小"命令可以调整图像的尺寸和分辨率。修改图像的尺寸不仅会影响图像在屏幕上的视觉大小，还会影响图像的质量及其打印特性，同时也决定了其占用多大的存储空间。

执行"图像"→"图像大小"命令，弹出"图像大小"对话框，设置图像大小参数，单击"确认"按钮，即可完成图片尺寸的修改，如图1-16所示。

图1-16

5.修改画布大小

画布是指整个文档的工作区域。使用"画布大小"命令可以通过修改"宽度"和"高度"参数修改画布的大小。

原图像的画布大小如图1-17所示，执行"图像"→"画布大小"命令，弹出"画布大小"对话框，设置画布大小的参数，如图1-18所示。

图1-17

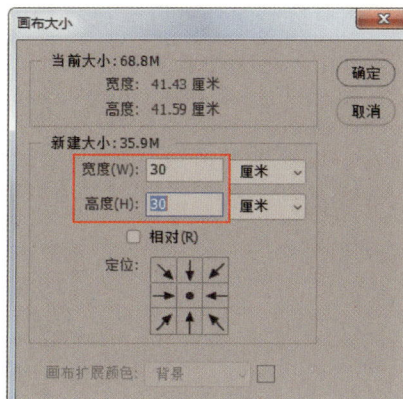

图1-18

单击"确定"按钮，弹出提示对话框，提示需要裁切画布，单击"继续"按钮，如图1-19所示，即可完成图像画布大小的修改，图像效果如图1-20所示。

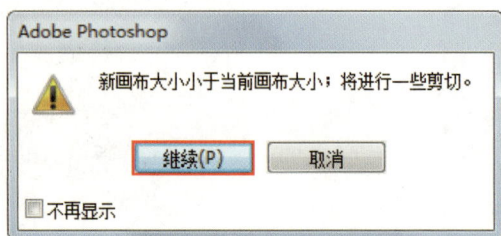

图1-19

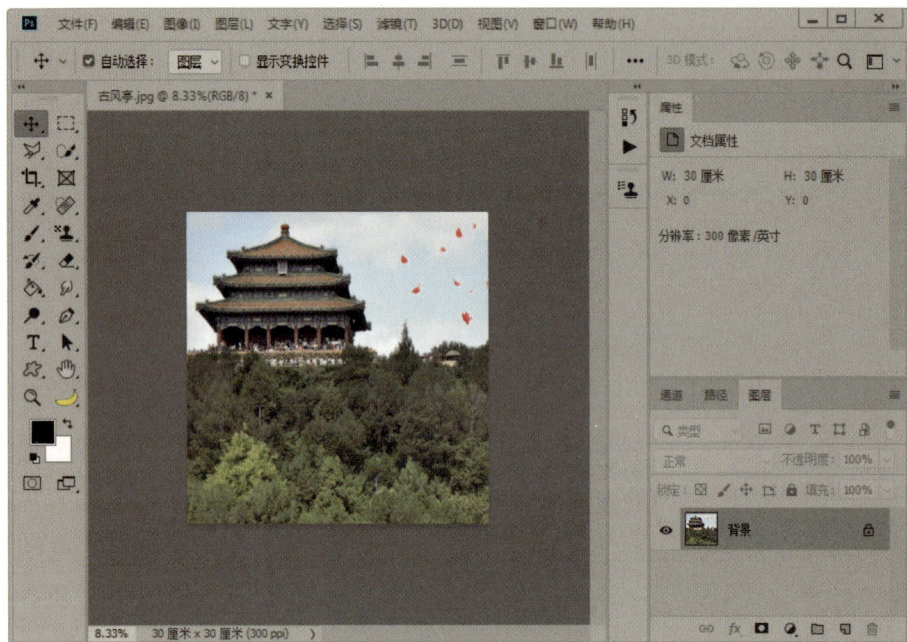

图1-20

6.复制和粘贴操作

在装修网店时，有些商品需要卖家提供细节大图，从而让买家看清楚商品的细微之处。使用Photoshop中的复制和粘贴命令可以直接将商品图片中的某些细节复制出来，并对复制的图像进行放大操作，完成局部细节的展示。

打开图像文件，如图1-21所示。在工具箱中选择"椭圆选框工具"，在图像的合适位置按住鼠标左键拖曳光标，创建圆形选区，如图1-22所示。在菜单栏中执行"编辑"→"拷贝"命令，复制选区内的图像，再执行"编辑"→"粘贴"命令，即可粘贴选区内的图像，如图1-23所示。

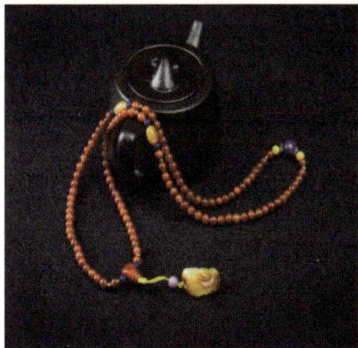 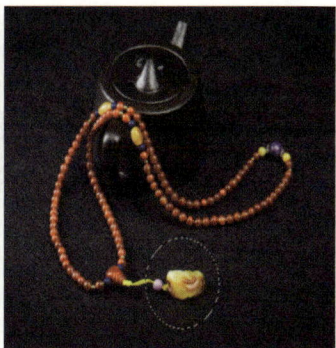 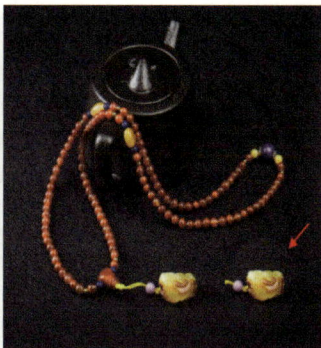

图1-21 图1-22 图1-23

7.撤销和恢复

在编辑图像的过程中，出现错误的操作时，可以撤销操作，或者将图像恢复为最近保存过的状态。Photoshop为用户提供了很多恢复的功能，有了它们的存在，在编辑图像的时候可以大胆地操作。

（1）还原与重做

执行"编辑"→"还原"命令，或者按Ctrl+Z 组合键，可以撤销对图像所做的最后一次修改，将其还原为上一步的编辑状态，如图1-24所示。如果想要取消还原的操作，可以执行"编辑"→"重做"命令，或按Shift+ Ctrl+Z 组合键，如图1-25所示。这里是以创建矩形选区操作为例的。

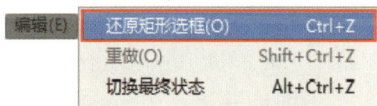 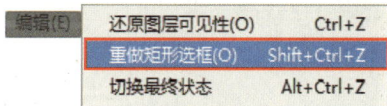

图1-24 图1-25

（2）恢复

执行"文件"→"恢复"命令，可以直接将文件恢复到最后一次保存时的状态。

技巧与提示

"恢复"命令只能对已有图像进行恢复，如果是个新建的空白文件，"恢复"命令是不能使用的。

二、巩固训练——置入嵌入的对象

实用指数：☆☆☆☆☆

技术掌握："置入嵌入对象"命令的使用方法。

①启动 Photoshop CC 2019软件，选择本小节的素材文件"背景图.jpg"，将其打开，如图1-26 所示。

②执行"文件"→"置入嵌入对象"命令，打开"置入嵌入的对象"对话框，选择要置入的文件，如图1-27所示。

图1-26

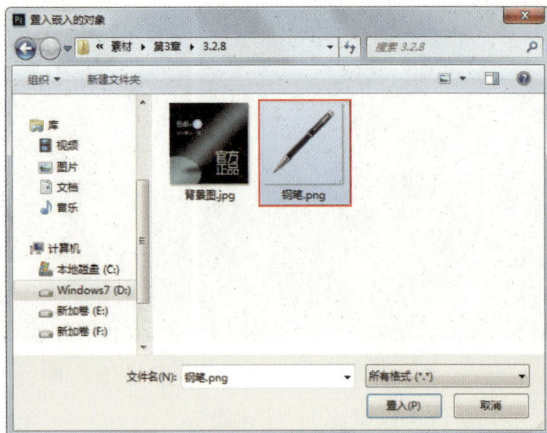

图1-27

③单击"置入"按钮，将素材置入背景图，按Ctrl+T组合键，对其进行自由变换，按Enter键确认，如图1-28所示。

④此时在图层中可以看到置入的素材被创建为智能对象，如图1-29所示。

图1-28

图1-29

典型工作环节三　图层操作

一、边学边练

图层是Photoshop的核心功能之一，它承载了大部分的编辑操作，如果没有图层，那么所有的图像都将处于同一个平面上，没有层次感。在本节中，将学习如何新建图层与图层组、合并与盖印图层、设置图层混合模式等内容。

在"图层"面板中，可以通过各种方法来创建图层和图层组。本小节将学习图层和图层组的具体创建方法。

1.单击"创建新图层"按钮新建图层

在Photoshop中，单击"创建新图层"按钮，可以直接在当前图层的上方新建一个图层，默认情况下，Photoshop会将新建的图层按顺序命名为"图层1""图层 2""图层3"等，依此类推，图1-30和图1-31分别为"图层"面板和新建图层后的"图层"面板。

如果要在当前图层的下方新建一个图层，可以按住Ctrl键单击"创建新图层"按钮，如图1-32 所示。

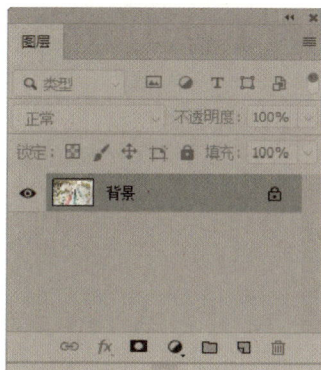
图1-30

图1-31

图1-32

技巧与提示

"背景"图层始终处于图层列表的底部，即使按住Ctrl键也不能在其下方新建图层。

2.使用"新建"命令新建图层

如果想要创建图层并设置图层的属性，可以执行"图层"→"新建"→"图层"命令，或按住Alt键单击"创建新图层"按钮，打开"新建图层"对话框，如图1-33所示。

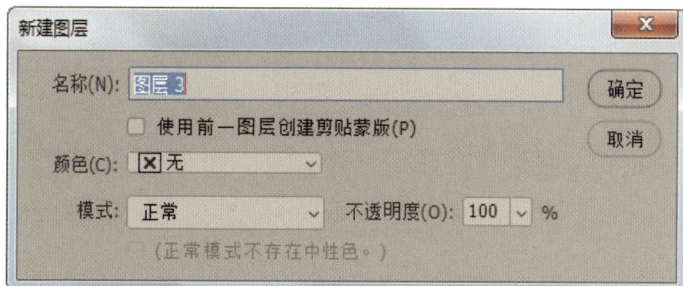
图1-33

技巧与提示

可以直接按Shift+Ctrl+N组合键，打开"新建图层"对话框。

3.在"图层"面板中新建图层组

单击"图层"面板中"创建新组"按钮，可以创建一个空的图层组，如图1-34所示；单击"创建新图层"按钮，可以在新组下创建新图层，如图1-35所示。

图1-34

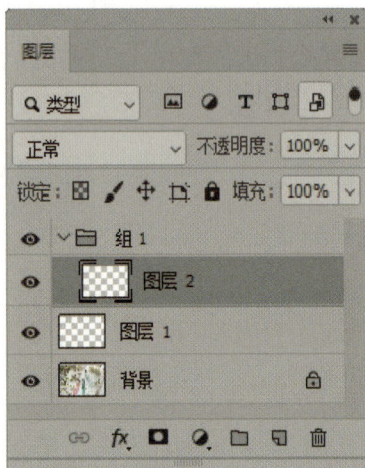

图1-35

4.使用"新建"命令新建图层组

如果想要在创建图层组的时候设置组的名称、颜色、混合模式和不透明度等属性，可以执行"图层"→"新建"→"组"命令，打开图1-36中的"新建组"对话框，图1-37为设置后的效果。

图1-36

图1-37

技巧与提示

图层组默认的混合模式为"穿透"，它表示图层组不产生混合效果。如果选择其他的混合模式，则组中的图层会以该组的混合模式与下面的图层混合。

5.从所选图层新建图层组

如果要为多个图层创建一个图层组，可以选择这些图层，如图1-38所示，然后执行"图层"→"图层编组"命令，或按Ctrl+G组合键对其进行编组，如图1-39所示，编组之后，单击组前面的右箭头图标可以展开图层组，如图1-40所示。

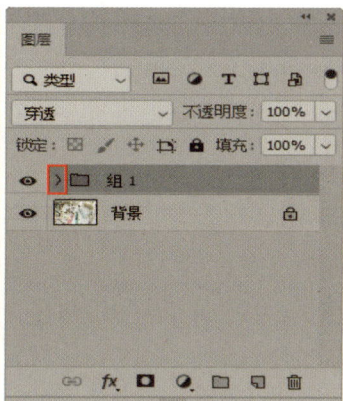
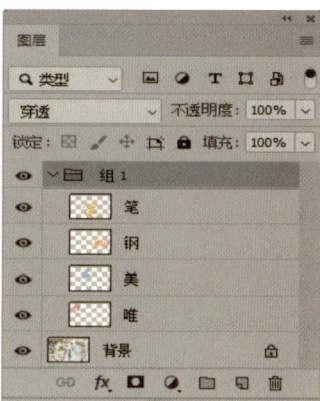

图1-38　　　　　　　　　　图1-39　　　　　　　　　　图1-40

6.合并与盖印图层

图层、图层组与图层样式等都会占用计算机的内存和暂存盘。因此，为了减小文件占用的存储空间，可以将相同属性的图层合并与盖印图层。

（1）合并图层

如果要合并两个或多个图层，可以在"图层"面板中将它们选择，然后执行"图层"→"合并图层"命令，合并出的图层使用最上面图层的名称，如图1-41所示。

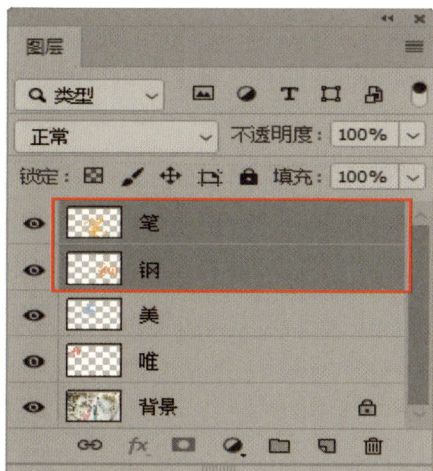
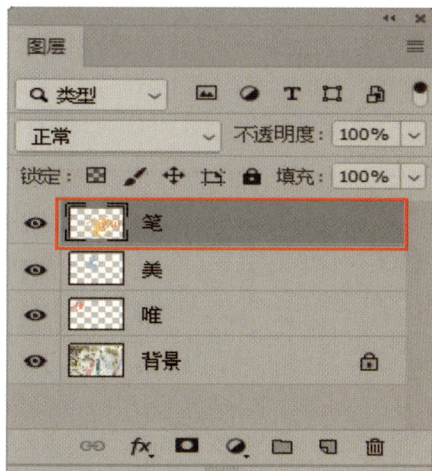

图1-41

技巧与提示

合并图层可减少图层的数量，而盖印往往会增加图层的数量。

17

（2）盖印图层

盖印是比较特殊的图层合并方法，它可以将多个图层中的图像内容合并到一个新的图层中，同时保持其他图层完好无损。如果想要得到某些图层的合并效果，而又要保持原图层完整，盖印是较好的解决方法。

①向下盖印：选择一个图层，按Ctrl+Alt+E组合键可以将该图层中的图像盖印到下面的图层中，原图层内容保持不变。

②盖印多个图层：选择多个图层，按Ctrl+Alt+E组合键，可以将选择的图层盖印到一个新的图层中，原有图层的内容保持不变。

③盖印可见图层：按Ctrl+Alt+E组合键，可以将所有可见图层中的图像盖印到一个新的图层中，原有图层内容保持不变。

④盖印图层组：选择图层组，按Ctrl+Alt+E组合键，可以将组中的所有图层内容盖印到一个新的图层中，原图层组保持不变。

7.图层混合模式

混合模式是一项非常重要的功能，它决定了像素的混合方式，可用于创建各种特殊的图像合成效果，但不会对图像内容造成任何破坏。

正常
溶解

变暗
正片叠底
颜色加深
线性加深
深色

变亮
滤色
颜色减淡
线性减淡（添加）
浅色

叠加
柔光
强光
亮光
线性光
点光
实色混合

差值
排除
减去
划分

色相
饱和度
颜色
明度

图1-42

在"图层"面板中选择一个图层，单击面板顶部"正常"右侧的下箭头按钮图，会弹出混合模式下拉列表，如图1-42所示，通过选择不同的选项，即可得到不同的混合模式。

各种混合模式的意义如下：

• 正常：默认的混合模式，图层的不透明度为100%时，完全遮盖下面的图像，降低不透明度可以使其与下面的图层混合。

• 溶解：设置该模式并降低图层的不透明度时，可以使半透明区域上的像素离散，产生点状颗粒。

• 变暗：比较两个图层，当前图层中较亮的像素会被底层较暗的像素替换，亮度值比底层像素低的像素保持不变。

• 正片叠底：当前图层中的像素与底层的白色混合时保持不变，与底层的黑色混合时则会被其替换，混合结果通常是使图像变暗。

• 颜色加深：通过增大对比度来增强深色区域，底层图像的白色保持不变。

• 线性加深：通过减小亮度使像素变暗，它与"正片叠底"模式的效果相似，但可以保留下面图像更多的颜色信息。

• 深色：比较两个图层的所有通道值的总和并显示值较小的颜色，不会生成第三种颜色。

• 变亮：与"变暗"模式的效果相反，当前图层中较亮的像素保持不变，而较暗的像素则被底层较亮的像素替换。

• 滤色：与"正片叠底"模式的效果相反，它可以使图像产生漂白的效果，类似于多个摄影幻灯片在彼此之上的投影。

• 颜色减淡：与"颜色加深"模式的效果相反，它可以通过减小对比度来加亮底层的图像，并使其颜色变得更加饱和。

• 线性减淡（添加）：与"线性加深"模式的效果相反。通过增大亮度来减淡颜色，亮化效果比"滤色"和"颜色减淡"模式都强烈。

• 浅色：比较两个图层的所有通道值的总和并显示值较大的颜色，不会生成第3种颜色。

• 叠加：可增强图像的颜色，并保持底层图像的高光和暗调，如图1-43所示的两幅图像为原素材，图1-44为使用"叠加"混合模式后的效果。

图1-43　　　　　　　　　　　　　图1-44

• 柔光：当前图层中的颜色决定了图像是变亮还是变暗。如果当前图层中的像素比50%灰色亮，则图像变亮；如果当前图层中的像素比50%灰色暗，则图像变暗。产生的效果与发散的聚光灯照在图像上相似。

• 强光：当前图层中的像素比50%灰色亮，则图像变亮；如果像素比50%灰色暗，则图像变暗。产生的效果与耀眼的聚光灯照在图像上相似。

• 亮光：如果当前图层的像素比50%灰色亮，则通过减小对比度的方式使图像变亮；如果当前图像中的像素比50%灰色暗，则通过增大对比度的方式使图像变暗。可以使混合后的颜色更加饱和。

• 线性光：如果当前图层中的像素比50%灰色亮，则通过减小对比度的方式使图像变亮；如果当前图层中的像素比50%灰色暗，则通过增大对比度的方式使图像变暗。"线性光"模式可以使图像产生更大的对比度。

• 点光：如果当前图层中的像素比50%灰色亮，则替换暗的像素；如果当前图层中的像素比50%灰色暗，则替换亮的像素。这在向图像中添加特殊效果时非常有用。

• 实色混合：如果当前图层中的像素比50%灰色亮，会使底层图像变亮；如果当前图层中的像素比50%灰色暗，则会使底层图像变暗。该模式通常会使图像产生色调分离的效果。

• 差值：当前图层的白色区域会使底层图像产生反相效果，而黑色则不会对底层图像产生影响。

• 排除：与"差值"模式的原理基本相似，但该模式可以创建对比度更小的混合效果。

• 减去：可以从目标通道中相应的像素值上减去源通道中的像素值。

• 划分：查看每个通道中的颜色信息，从基色中划分混合色。

• 色相：将当前图层的色相应用到底层图像中，可以改变底层图像的色相，但不会影响其亮度和饱和度。

• 饱和度：将当前图层的饱和度应用到底层图像中，可以改变底层图像的饱和度，但不会影响其亮度和色相。

• 颜色：将当前图层的色相与饱和度应用到底层图像中，但保持底层图像的亮度不变。

• 明度：将当前图层的亮度应用于底层图像中，可以改变底层图像的亮度，但不会对其色相与饱和度产生影响。

8.图层样式

所谓图层样式，实际上就是由投影、内阴影、外发光、内发光、斜面和浮雕、光泽、颜色叠加、图案叠加、渐变叠加和描边等图层效果组成的集合，它能够将平面图形转化为具有材质和光影效果的立体物体。

在制作图像的过程中，如果要使用图层样式，可以执行"图层"→"图层样式"菜单下的子命令，或单击"图层"面板底部的"添加图层样式"按钮，在弹出的快捷菜单中选择一种样式，也可以在"图层"面板中双击需要添加图层样式的图层缩览图，此时会弹出"图层样式"对话框，如图1-45所示。

单击一种效果的名称，可以选中该效果，对话框的右侧会显示与之对应的样式设置。在对话框中设置效果参数以后，单击"确定"按钮即可为图层添加效果，这里以添加"内阴影"效果为例，如图1-46所示。

9.图层蒙版

图层蒙版是一个有256级色阶的灰度图像，它在图层的上方，起到遮盖图层的作用，然而其本身并不可见。图层蒙版主要用于图像的合成，此外，我们创建调整图层、填充图层或者应用智能滤镜时，Photoshop也会主动为其添加图层蒙版，因此，图层蒙版还可以控制颜色调整和滤镜范围。

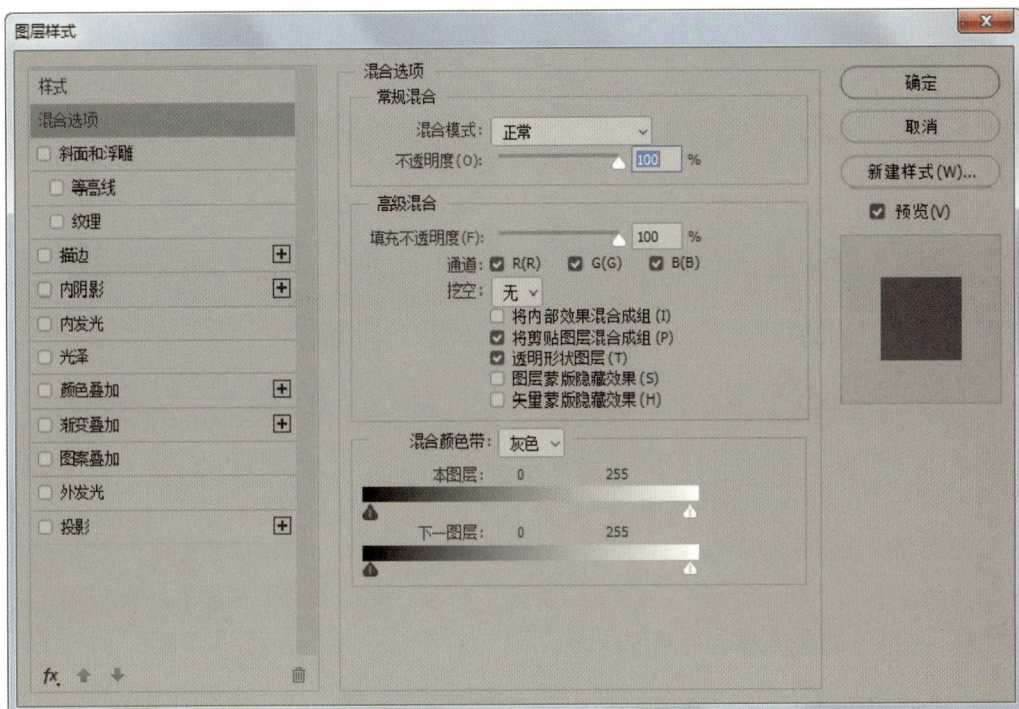

图1-45

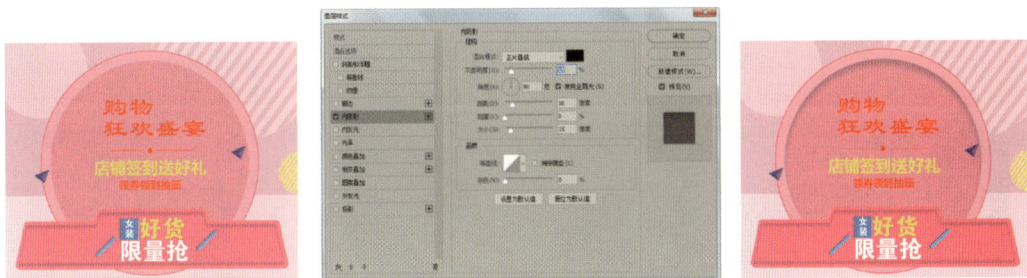

图1-46

创建图层蒙版的方法有很多，既可以直接在"图层"面板中创建，也可以从选区或图像中生成图层蒙版。

（1）在"图层"面板中创建图层蒙版

选择需要添加图层蒙版的图层，如图1-47所示，单击"图层"面板底部的"添加图层蒙版"按钮，或执行"图层"→"图层蒙版"→"显示全部"命令，可以为当前图层添加图层蒙版，如图1-48所示。

如果在添加图层蒙版的同时按住Alt键，或执行"图层"→"图层蒙版"→"隐藏全部"命令，可以创建一个隐藏图层内容的黑色蒙版，隐藏全部的图像。

图1-47

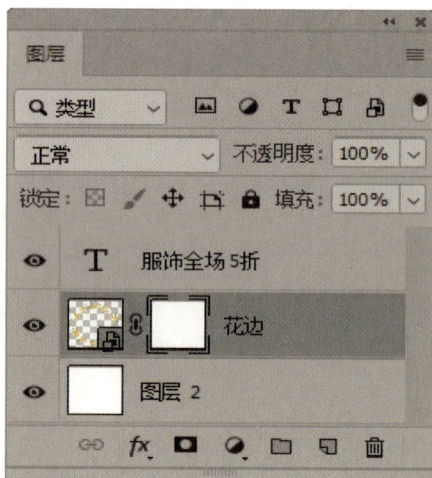

图1-48

（2）从选区中生成图层蒙版

如果当前图像中存在选区，单击"图层"面板底部的"添加图层蒙版"按钮，或执行"图层"→"图层蒙版"→"显示选区"命令，都可以基于当前的选区为图层添加蒙版，选区以外的图像将被蒙版隐藏。

如果当前图像中存在选区，按照上述方法创建图层蒙版后，在蒙版缩览图中，选区部分以白色显示，非选区部分以黑色显示，图1-49为存在选区的图像，图1-50所示为添加图层蒙版后的"图层"面板。

图1-49

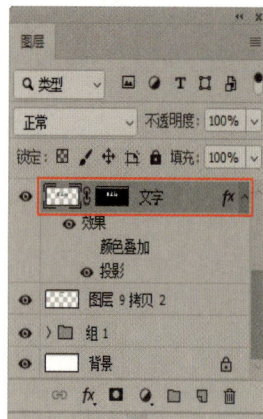

图1-50

二、巩固训练——制作抵用券

实用指数：☆☆☆☆☆

技术掌握："图层样式"的使用方法。

①启动 Photoshop CC 2019软件，选择本小节的素材文件"背景.jpg"，将其打开，如图1-51所示。

图1-51

②执行"文件"→"置入嵌入对象"命令，打开"置入嵌入的对象"对话框，选择要置入的"水果.png"文件，调整其大小和位置，如图1-52所示。

图1-52

③在"图层"面板中，选中"水果"图层，单击鼠标右键，在弹出的快捷菜单中选择"栅格化图层"选项，将"水果"图层栅格化，如图1-53所示。

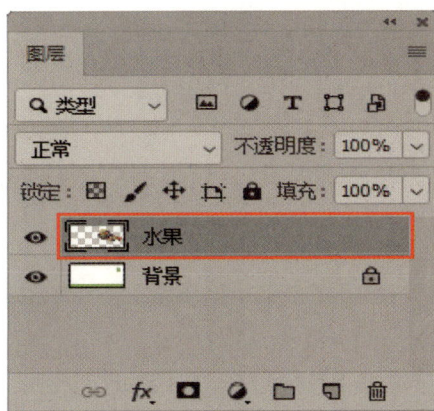

图1-53

④双击"水果"图层，弹出"图层样式"对话框，在对话框左侧勾选"投影"复选框，并设置"投影"参数，"混合模式"为"正片叠底"，颜色为#82867d，"不透明度"为60%，"角度"为90°，"距离"为16像素，"扩展"为0，"大小"为24像素，如图1-54所示。

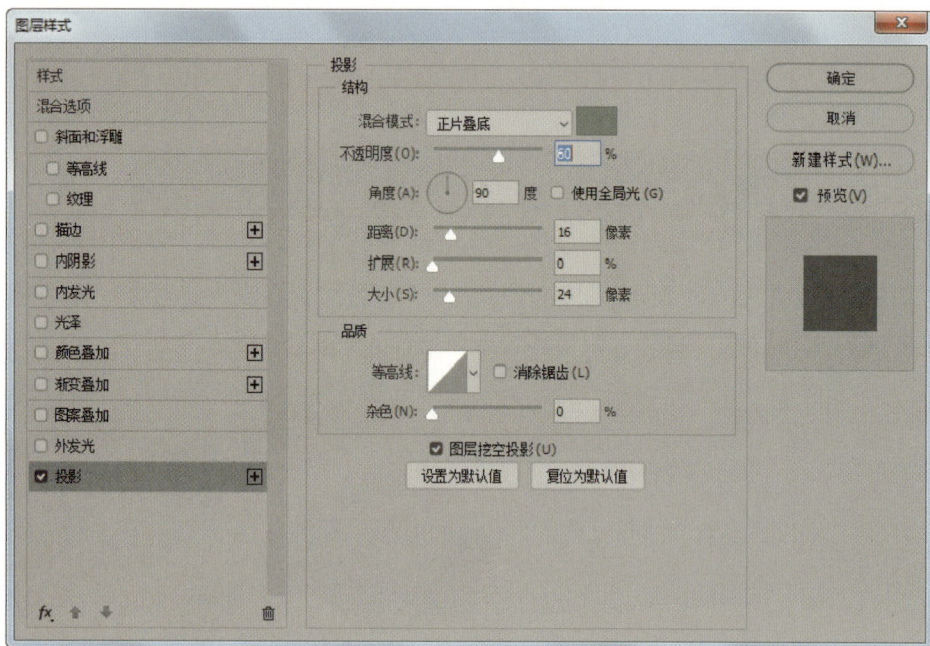

图1-54

⑤设置完参数后，单击"确定"按钮，水果的投影效果如图1-55所示。

图1-55

⑥选择工具箱中"横排文字工具"，在画面中添加文字，效果如图1-56所示。

图1-56

典型工作环节四　二次构图

在处理商品图片时，经常需要裁剪图像，以便删除多余的部分，使画面的构图更加完美。使用裁剪工具和各种裁剪命令可以完成图像的裁剪。本节将详细讲解对图片进行二次构图的具体方法。

一、边学边练

1.裁剪工具

使用"裁剪工具" 可以对图像进行裁剪，重新定义画布的大小。选择"裁剪工具"后，属性栏中将显示相应的选项，如图 1-57所示，在画面中按住鼠标左键拖曳出一个矩形定界框，可以将定界框之外的图像裁掉。

图1-57

属性栏中各选项的含义如下。

"比例"列表框：单击下拉按钮，可以在打开的下拉列表框中选择"比例""原始比例"等预设的裁剪选项。

拉直：如果画面内容出现倾斜（如拍摄照片时，由于相机没有端平而导致画面内容倾斜），可以单击"拉直"按钮，在画面中按住鼠标左键拖出一条直线，让它与地平线、建筑物墙面和其他关键元素对齐，便可将倾斜的画面校正。

叠加：在该下拉列表中可以选择裁剪参考线的样式及其叠加方式。裁剪参考线包含"三等分""网格""对角""三角形""黄金比例""金色螺线"6种。

删除裁剪的像素：在默认情况下，Photoshop 会将裁掉的部分保留在文件中。如果需要彻底删除被裁掉的部分，可以勾选该复选框，再进行裁剪操作。

2.按固定比例裁剪

在裁剪商品图片时，不仅可以自定义裁剪选区，还可以直接指定裁剪尺寸比例，对图片进行裁剪操作。

在"裁剪工具"属性栏中的"比例"下拉列表中选择一个约束选项，可以按一定比例对图像进行裁剪，如图1-58所示。

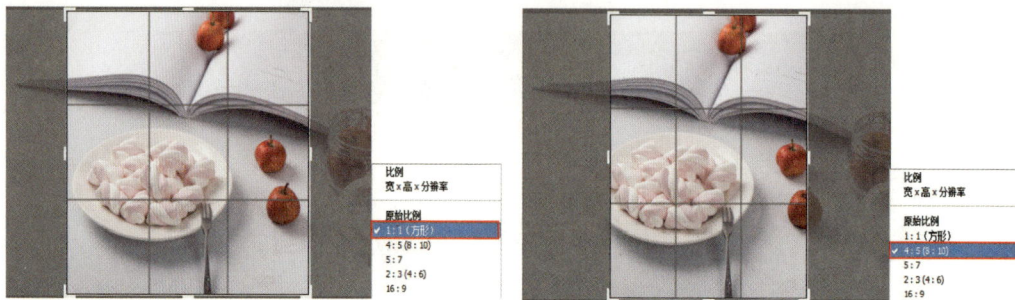

图1-58

3.校正后裁剪

在拍摄照片时，如果相机没有端平而导致画面内容倾斜，那么可以使用 Photoshop软件中的标尺工具和裁剪工具，对倾斜的图片进行校正和裁剪操作。

图1-59为一张倾斜的照片，选择工具箱中的"标尺工具"，按住鼠标左键沿着图像倾斜方向拖曳光标，拖曳至左下角边缘位置，如图1-60所示。

图1-59

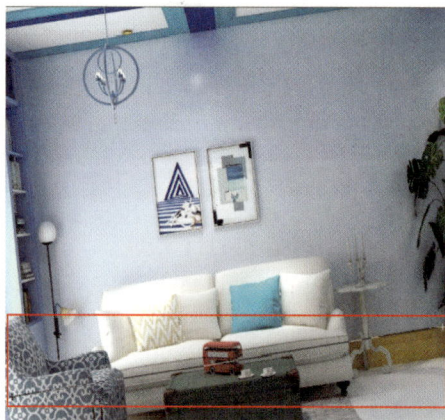

图1-60

释放鼠标左键后，在属性栏中将显示 X、Y、W、H和A等参数的值，查看A 参数，即角度的值，如图1-61所示。执行"图像"→"图像旋转"→"任意角度"命令，弹出"旋转画布"对话框，设置"角度"为7.5，单击"确定"按钮，如图1-62所示，即可对图像进行旋转操作，旋转后的图像效果如图1-63所示。

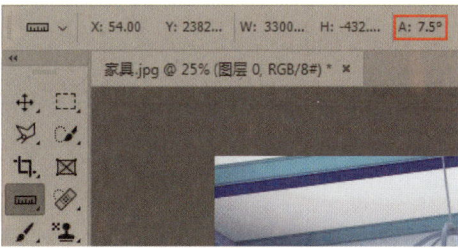

图1-61

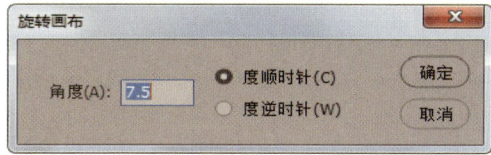

图1-62

图1-63

选择"裁剪工具"，调整裁剪框，如图1-64所示，按Enter键确认，得到最终的效果，如图1-65所示。

图1-64

图1-65

27

4.透视校正后裁剪

在使用广角镜头进行商品照片拍摄时，画面很容易产生透视变形，这时候就需要使用Photoshop软件对照片进行透视校正，并使用"裁剪工具"，对校正后的图像进行裁剪操作。

打开一张透视变形的图片，如图1-66所示，执行"编辑"→"变换"→"透视"命令，显示变换控制框，拖曳控制点，如图1-67所示。

图1-66

图1-67

按Enter键确认，再选择"裁剪工具"，调整裁剪框，如图1-68所示，按 Enter键确认，最终效果如图1-69所示。

图1-68

图1-69

二、巩固训练——将图像裁剪为平面图

实用指数：☆☆☆☆☆

技术掌握："透视裁剪工具"的使用方法。

①启动 Photoshop CC 2019软件，选择本节的素材文件"广告牌.jpg"，将其打开，如图1-70所示。

图1-70

②选择工具箱中的"透视裁剪工具"，在图片上拖曳出一个裁剪框，如图1-71所示。

图1-71

③调整裁剪框上的4个控制点，使其内部包含整个广告牌中的宣传内容，如图1-72所示。

图1-72

④按Enter键确认裁剪操作，此时Photoshop会自动校正透视效果，使其成为平面图，最终效果如图1-73所示。

图1-73

课堂思考

1.如何取消与恢复网格？

2.变换后的图像将会呈现哪些效果？

课后训练

1.火龙果嵌入练习

实用指数：☆☆☆☆

技术掌握："置入嵌入对象"命令的使用方法。

主要练习执行"置入嵌入对象"命令，将火龙果素材图片置入背景图，最终制作出火龙果的主图，如图1-74所示。

步骤如图1-75所示。

图1-74   图1-75

2.裁剪主图练习

实用指数：☆☆☆☆

技术掌握："裁剪工具"的使用方法。

本习题主要练习使用"裁剪工具"，裁剪出主图中的主要食品，最终制作出食品的特写图，如图1-76所示。步骤如图1-77所示。

图1-76

图1-77

● 评价反馈

表 1-1　活动过程评价小组自评表

组名		日期	年　月　日
评价指标	评价要素	分数	分数评定
信息检索	能有效利用网络、工作手册查找有用信息；能用自己的语言有条理地解释所学知识；能将查找的信息有效转换到工作中	10	
感知工作	是否熟悉各自的工作内容，在工作中是否获得满足感	10	
参与状态	探究学习、自主学习不流于形式；与教师、同学之间是否相互尊重，保持有效的信息交流；处理好独立思考和合作学习之间的关系，做到有效学习	20	
学习方法	工作计划、操作技能是否符合要求；是否获得了进一步发展能力	10	
工作过程	操作合规；出勤情况；每天完成任务的情况；善于多角度思考问题	15	
思维状态	能否发现问题、提出问题、分析问题、解决问题、创新问题	10	
自评反馈	按时按质完成工作任务；较好掌握了专业知识点；具有较强的信息分析能力和理解能力	25	
自评分数			
有益的经验和做法			
总结反思建议			

表 1-2　活动过程评价小组互评表

组名		日期	年　月　日
评价指标	评价要素	分数	分数评定
信息检索	该组能否有效利用网络、工作手册查找有用信息；能否用自己的语言有条理地解释所学知识；能否将查找的信息有效转换到工作中	15	
感知工作	该组是否熟悉各自的工作内容，在工作中是否获得满足感	10	
参与状态	该组与教师、同学之间是否相互尊重，保持有效的信息交流；是否处理好独立思考和合作学习之间的关系，做到有效学习	25	
学习方法	该组工作计划、操作技能是否符合要求；是否获得了进一步发展能力	10	
工作过程	该组是否操作合规；出勤情况；每天完成任务的情况；善于多角度思考问题	25	
思维状态	该组能否发现问题、提出问题、分析问题、解决问题、创新问题	5	
互评反馈	该组能严肃认真地对待自评	10	
互评分数			
简要评述			

表 1-3　教师评价表

组名和成员				
出勤情况				
评价指标	评价内容	评价标准	分值	分数
接受任务 任务描述	口述任务内容细节	表述仪态自然、吐字清晰； 表述思路层次分明、准确	10	
任务分析 分组情况	任务分析落实分组和任务 分工	分组是否顺利、明确； 涉及理论知识回顾完整	20	
计划实施	任务实施中的学习、讨论 和完成全过程	独立思考和小组学习结合； 尊重、友好氛围完成讨论； 顺利完成任务	55	
总结	任务总结	依据作品、自评和互评	15	
合计分数				

项目二
优化商品图片

典型工作环节一　分析任务

一、任务内容

每个小组选择3种商品，前期拍摄图片，修饰图片瑕疵，进行图片色彩调节并有一定效果制作。

二、任务目标

1.掌握使用修复工具修饰照片瑕疵的方法；

2.掌握图像表面的修饰方法，熟练扣取图片；

3.能够处理一些特殊图像；

4.能够灵活使用色调和色彩调整命令，根据图像特征进行调整；

5.掌握投影倒影的制作方法；

6.掌握图像的合成和特效的制作方法。

三、任务分组

学生任务分配表

班级		组号	
组长		指导教师	
组员			
任务分工			

四、任务引导

1.小组共同选定3种商品；

2.集中拍摄3种商品；

3.探讨3种商品属性及其适用的格调；

4.探讨如何修饰图片、图片调色和图片合成和效果；

5.做出完整的商品图片。

典型工作环节二　去除图片瑕疵

为了将拍摄的商品照片效果呈现得更加完美，且吸引顾客浏览，增加店铺的成交量，需要使用Photoshop软件对商品图片进行美化操作，如去除图片瑕疵、纠正图片偏色问题及抠取图片中的商品等。

一、边学边练

1.污点修复画笔工具

"污点修复画笔工具" 📷 可以快速去除照片中的污点、划痕和其他不理想的部分。污点修复画笔工具的工作方式是使用图像或图案中的样本像素进行描画，并将样本像素的纹理、光照、透明度和阴影与要修饰的像素相匹配。

"污点修复画笔工具"可以自动从所修饰区域的周围取样。在选择"污点修复画笔工具" 📷 后，属性栏中将显示相应的选项，如图2-1所示。

图2-1

•模式：该选项用来设置修饰图像时使用的混合模式。除"正常""正片叠底"等常用模式以外，还有"替换"模式，该模式可以保留画笔描边边缘处的杂色、胶片颗粒和纹理，选择不同的模式则会出现不同的效果。

•类型：该选项用来设置修复的方法。选中"近似匹配"类型时，可以使用选区边缘的像素来查找用来修饰选定区域的图像区域；选中"创建纹理"类型时，可以使用选区内的所有像素创建一个用于修饰该区域的纹理；选中"内容识别"类型时，可以使用选区周围的像素进行修饰。

•对所有图层取样：如果当前文档中包含多个图层，勾选此复选框后，可以从所有可见图层中对数据进行取样；取消勾选，则只从当前图层中取样。

2.修饰工具

"修饰工具" 可以用其他区域或图案中的像素来修饰选中的区域，并将样本像素的纹理、光照和阴影与源像素进行匹配。修饰工具的特别之处是需要用选区来确定修饰范围。

在选择"修饰工具" 后，属性栏中将显示相应的选项，如图2-2所示。

图2-2

• 选区创建方法：单击"新选区"按钮，可以创建一个新选区；单击"添加到选区"按钮，可以在当前选区的基础上添加新的选区；单击"从选区减去"按钮，可以在原选区中减去当前绘制的选区；单击"与选区交叉"按钮，可以得到原选区与当前创建的选区相交的部分。

• 修饰：包含"正常"和"内容识别"两种方式。

正常：创建选区后，选择后面的"源"选项，将选区拖曳到要修饰的区域后松开鼠标左键，就会用当前选区中的图像修饰原来选中的内容；选择"目标"选项时，则会将选中的图像复制到目标区域。

内容识别：选择该选项，可以在后面的"结沟"和"颜色"选项中设置修补区域的精度。

• 透明：勾选此复选框，可使修饰的图像与原始图像产生透明的叠加效果。

• 使用图案：使用"修饰工具" 创建选区后，单击该按钮，可以使用图案修饰选区内的图像。

3.用"内容识别"功能修饰图像

在修饰图像时，如果需要将多余的部分去除，或者对商品图片的边缘进行修饰，都可以使用"内容识别"功能实现。

执行"编辑"→"填充"命令，打开"填充"对话框，在"内容"下拉列表中选择"内容识别"选项，即可使用"内容识别"功能修饰选区内的图像，如图2-3所示。

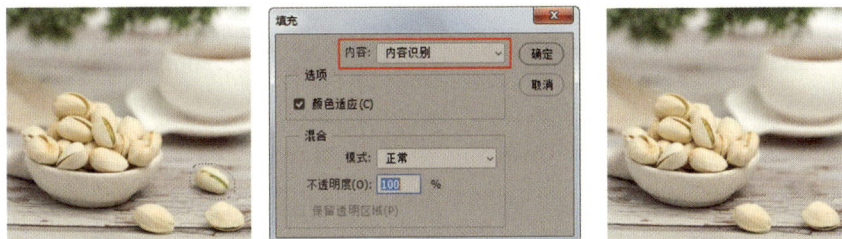

图2-3

4.羽化

"羽化"是通过建立选区和选区周围像素之间的转换边界来模糊边缘，使用这种模糊方式将丢失选区边缘的一些细节。使用"羽化"命令可以对选区进行羽化操作，柔化图像。

可以先使用选框类工具创建出选区，再执行"选择"→"修改"→"羽化"命令，或者按Shift+F6组合键，在弹出的"羽化选区"对话框中设置选区的"羽化半径"。图2-4是设置"羽化半径"为50像素并去除背景后的图像效果。

图2-4

5.修饰残缺商品

网店中的商品在长期的拍摄过程中难免会出现磨损，这样拍摄出来的商品照片会让顾客对商品的质量产生怀疑。因此，在后期处理过程中，需要使用"修复画笔工具" 对商品的缺陷进行修补。"修复画笔工具" 可以将样本像素的纹理、光照、透明度和阴影与要修饰的像素进行匹配，从而使修饰后的像素不留痕迹地融入图像的其他部分，如图2-5所示。

图2-5

与"污点修复画笔工具" 一样，"修复画笔工具" 也可以利用图像或图案中的样本像素来绘画。在选择"修复画笔工具" 后，属性栏将显示相应的选项，如图2-6所示。

图2-6

属性栏中各选项的含义如下。

源：设置用于修饰像素的源。选中"取样"按钮时，可以使用当前图像的像素来修饰图像；选中"图案"按钮时，可以使用某个图案作为取样点。

对齐：勾选此复选框，可以连续对像素取样，即使释放鼠标左键也不会丢失当前的取样点；取消勾选，则会在每次停止并重新开始绘制时使用初始取样点中的样本像素。

样本：该选项用来设置从指定的图层中进行数据取样。

6.锐化商品图像

使用"锐化"功能可以快速聚焦模糊边缘，提高图像中某一部位的清晰度，且使商品色彩更加鲜明。

执行"滤镜"→"锐化"→" USM 锐化"命令，在弹出的"USM" 锐化对话框中设置锐化参数，即可对图像进行锐化，如图2-7所示。

图2-7

若对锐化效果不满意，可以再次执行"滤镜"→"锐化"→"锐化"命令，对图像进行锐化操作，如图2-8所示。

图2-8

技巧与提示

可以使用"锐化工具"对图像进行锐化。

7.模糊商品图像

在商品照片拍摄的过程中，可以利用相机的光圈设置模糊背景，以突出要表现的商品。对于背景与主体商品同样清晰的照片，则需要通过后期处理对背景进行模糊。Photoshop中提供了多种不同的模糊工具和命令，应用它们可以完成照片的快速模糊。

选取商品的背景部分，执行"滤镜"→"模糊"→"高斯模糊"命令，弹出"高斯模糊"对话框，设置"半径"参数，即可模糊商品图像的背景部分，如图2-9所示。

图2-9

技巧与提示

可以使用"模糊工具"对图像进行模糊处理。

8.减淡工具

在进行人像拍摄时，人物的眼睛周围可能会出现黑眼圈，影响整体的美感，也影响商品的整体效果。此时可以使用"减淡工具"，使得照片中的某个区域变亮，如图2-10所示。

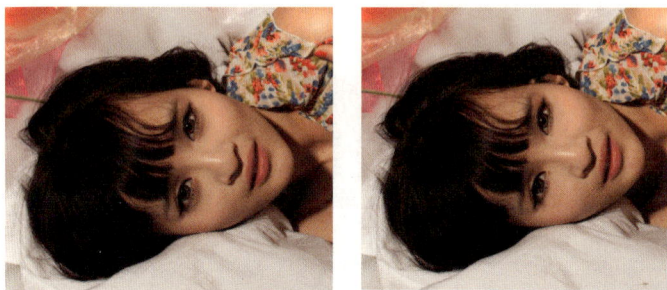

图2-10

在选择"减淡工具"后，属性栏中将显示相应选项，如图2-11所示。

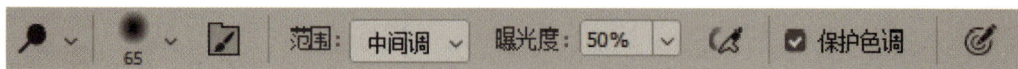

图2-11

属性栏中各选项的含义如下。

范围：可以选择要修改的色调。选择"阴影"选项，可以处理图像中的暗色调；选择"中间调"选项，可以处理图像的中间调（灰色和中间范围色调）；选择"高光"选项，则可以处理图像的亮部色调。

曝光度：可以为减淡工具指定曝光度。该值越大，效果越明显。

喷枪：单击该按钮，可以为画笔开启喷枪功能。

保护色调：勾选该复选框，可以保护图像的色调不受影响。

9.加深工具

使用"加深工具" ◔ 可以对图像进行加深处理，其属性栏如图2-12所示。在某个区域中绘制的次数越多，该区域就会变得越暗，如图2-13所示。

图2-12

图2-13

10.液化工具

"液化"滤镜是修饰图像和创建艺术效果的强大工具，常用于照片的修饰。"液化"命令的使用方法比较简单，功能却相当强大，能创建推拉、旋转、扭曲和收缩等变形效果。执行"滤镜"→"液化"命令，可以打开"液化"对话框，在右侧面板中可以设置相关参数，如图2-14所示。

图2-14

二、巩固训练——去除面部瑕疵

实用指数：☆☆☆☆☆

技术掌握："污点修复画笔工具"和"修复画笔工具"的使用方法。

①启动 Photoshop CC 2019软件，选择本小节的素材文件"模特.jpg"，将其打开，如图2-15所示。

②执行"图像"→"自动对比度"命令，自动调整图像的对比度，增强图像的层次感，如图2-16所示。

图2-15　　　　　　　　　　　　　　图2-16

③在工具箱中选择"污点修复画笔工具"，在图像上单击污点，即可将污点消除，如图2-17所示。

④采用相同的方法消除其他污点，完成后的效果如图2-18所示。

图2-17　　　　　　　　　　　　　　图2-18

⑤选择"修复画笔工具"，将光标放在画面中，按住Alt键单击面部进行取样，如图2-19所示。松开Alt键后在眼袋上单击，消除眼袋，最终效果如图2-20所示。

图2-19　　　　　　　　　　　　　　图2-20

典型工作环节三　纠正照片偏色问题

受拍摄环境的光线和设备等外在因素的影响，拍摄出来的商品颜色与实际商品的颜色可能会稍有偏差。此时使用Photoshop中的各种调色命令对拍摄的商品照片进行调色处理，可以得到真实的商品效果，从而有效避免顾客因色差问题退货。

一、边学边练

1.亮度/对比度

使用"亮度/对比度"命令可以对图像的色调范围进行调整，从而调暗背景的色调，使商品图片不会显得暗沉无光。

执行"图像"→"调整"→"亮度/对比度"命令，弹出"亮度/对比度"对话框，设置"亮度"和"对比度"参数，即可调整图像的色调，如图2-21所示。

图2-21

2.色阶

如果拍摄照片时光照不足，会导致照片色彩暗淡和主体不突出等问题。因此，为了更好地展示产品的效果，需要使用"色阶"命令对商品图片的亮度进行调整。

执行"图像"→"调整"→"色阶"命令，弹出"色阶"对话框，设置"输入色阶"参数，即可调整图像的亮度，如图2-22所示。

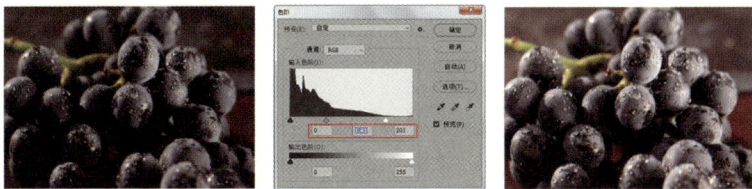

图2-22

技巧与提示

除了执行"色阶"命令打开"色阶"对话框外，还可以按Ctrl+L组合键快速打开。

3.曲线

"曲线"命令是Photoshop中强大的调整工具，它具有"色阶""阈值""亮度/对比度"等多个命令的功能，曲线上可以添加14个控制点，可以用来对色调进行非常精确的调整。

执行"图像"→"调整"→"曲线"，弹出"曲线"对话框，在曲线上单击可添加控制点，按住鼠标左键向上拖曳，即可调整图像的对比度，如图2-23所示。

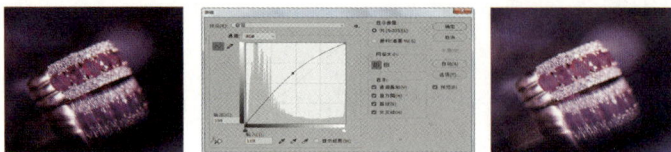

图2-23

4.色相/饱和度

"色相/饱和度"命令可以调整图像中特定颜色分量的色相、饱和度和明度，或者同时调整图像中的所有颜色。"色相/饱和度"命令适合更换图片的整体色调。

执行"图像"→"调整"→"色相/饱和度"命令，弹出"色相/饱和度"对话框，修改参数，即可更改商品图片的色调，如图2-24所示。

图2-24

5.色彩平衡

在调整商品照片的色彩时，可以使用"色彩平衡"命令进行调整，从而得到全新的商品照片色彩。

执行"图像"→"调整"→"色彩平衡"命令，弹出"色彩平衡"对话框，修改"色彩平衡"参数，即可调整商品照片的色彩，如图2-25 所示。

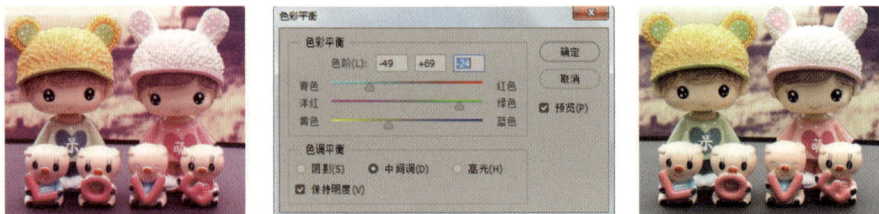

图2-25

6.可选颜色

"可选颜色"命令是一个重要的调色命令，它可以在图像中的每个主要颜色分量中更改印刷色的量，并且不会影响其他主要颜色。

执行"图像"→"调整"→"可选颜色"命令，弹出"可选颜色"对话框，在"颜色"下拉列表中选择要修改的颜色，然后对下面的参数进行调整，可以调整该颜色中青色、洋红色、黄色和黑色的量增减的百分比，如图2-26所示。

图2-26

7.曝光度

曝光度会直接影响商品图片的明暗程度，设置不当会导致展示效果不佳，因此需要合理地设置曝光度，以更好地呈现商品细节。使用"曝光度"命令可以设置曝光参数，使商品图片呈现出最佳状态。

执行"图像"→"调整"→"曝光度"命令，弹出"曝光度"对话框，设置"曝光度"参数，即可调整商品照片的曝光度，如图2-27 所示。

图2-27

二、巩固训练——处理颜色暗淡的照片

实用指数：☆☆☆☆☆

技术掌握："色阶"和"色相能和度"命令的使用方法。

①启动 Photoshop CC 2019软件，选择本小节的素材文件"围巾.jpg "，将其打开，如图2-28所示。

②执行"图像"→"调整"→"色阶"命令弹出"色阶"对话框，依次修改"输入色阶"各参数为0、1.58、240，如图2-29所示。

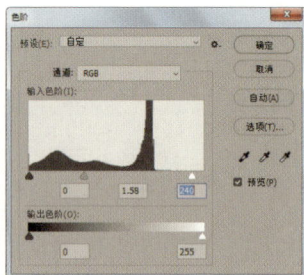

图2-28   图2-29

③单击"确定"按钮，即可调整图像的色阶，图像效果如图2-30所示。

④执行"图像"→"调整"→"色相/饱和度"命令，弹出"色相/饱和度"对话框，修改"色相"为-27，"饱和度"为20，"明度"为11，如图2-31所示。

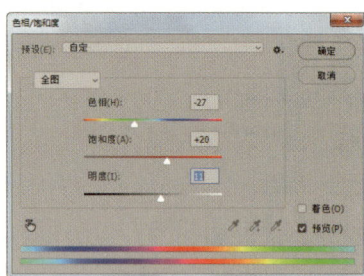

图2-30   图2-31

⑤单击"确定"按钮，即可调整图像的色相、饱和度和明度，最终效果如图2-32所示。

图2-32

典型工作环节四　处理商品图片的抠图

抠图是指将需要的主体从背景中抠出来，对于不同的照片可以选择不同的抠图方法。本环节详细讲解商品图片抠图的具体方法。

一、边学边练

1.抠取不规则形状的图像

"磁性套索工具"  可以自动识别对象的边界，适合快速选择与背景对比强烈且边缘复杂的对象。使用"磁性套索工具" 可以将不规则形状的图形从背景中单独抠取出来。

"磁性套索工具"的属性栏如图2-33所示。

图2-33

宽度：宽度值决定了以光标中心为基准，光标周围有多少个像素能够被"磁性套索工具"零检测到。如果对象的边缘比较清晰，可以设置为较大的值。如果对象的边缘比较模糊，可以设置为较小的值。图2-34和图2-35分别是"宽度"设置为20像素和200像素时检测到的边缘。

图2-34　　　　　　　　　图2-35

对比度：该选项主要用来设置"磁性套索工具"感应图像边缘的灵敏度。如果对象的边缘比较清晰，可以将该值设置得大一些；如果对象的边缘比较模糊，可以将该值设置得小一些。

频率：在使用"磁性套索工具"创建选区时，Photoshop会生成很多锚点，该选项用来设置锚点的数量，数值越大，生成的锚点越多捕捉到的边缘越准确，但是可能会造成边缘不够平滑。

使用绘图板压力以更改钢笔宽度：如果计算机配有数位板和压感笔，可以单击该按钮，Photoshop会根据压感笔的压力自动调节"磁性套索工具"源的检测范围。

选择"磁性套索工具"牌，在图像上单击鼠标，确定起点锚点，沿着火锅边缘拖动鼠标指针创建锚点，如图2-36所示。当光标移到第一个锚点上时，单击鼠标，即可将磁性套索路径封闭，同时自动创建选区，如图2-37所示。按Ctrl+Shift+I组合键，反选选区，按Delete键，可以删除选区内的背景图像，如图2-38所示。

图2-36 图2-37 图2-38

2.从简单背景中抠图

在抠取图像时，如果图像的背景效果很简单，则可以使用"魔棒工具" ，快速选择色彩变化不大且色调相近的区域，进行图像抠取操作。

魔棒工具属性栏中的各选项含义如图2-39所示。

图2-39

魔棒工具属性栏中的各选项含义如下。

取样大小：对取样点的范围大小进行设定。

容差：在此文本框中可输入0~255的数值来确定选取的范围。该值越小，选取的颜色就与鼠标单击的位置的颜色越接近，选区颜色的范围也就越小；该值越大，选区颜色的范围就越大。

连续：勾选该复选框时，只选择颜色连续的区域；取消勾选该复选框时，可以选择与鼠标单击点颜色相近的所有区域，当然也包括不连续的区域。

消除锯齿：用来模糊羽化边缘的像素，使其与背景像素之间产生颜色的过渡，从而消除边缘明显的锯齿。

对所有图层取样：用于有多个图层的文件，勾选该复选框后，能选取文件中的所有图层中颜色相近的区域，反之，只能选取当前图层中颜色相近的区域。

选择"魔棒工具"，在图像的蓝色背景上单击鼠标左键，即可创建选区，按Delete键，删除选区内的蓝色背景图像，如图2-40所示。

技巧与提示

可以使用"快速选择工具"从简单背景中抠取图形，"快速选择工具"网可以利用可调整的圆形笔尖迅速绘制出选区。当拖曳笔尖时，选取范围不但会向外扩张，而且还可以自动寻找并沿着图像的边缘来描绘边界。

图2-40

3.绘制边缘抠图

在抠取图像时，有的图像边缘呈现不规则形状，有直线，也有曲线。此时，可以使用"钢笔工具" ◢ 绘制曲线路径或直线路径来进行图像的抠取操作。

钢笔工具的属性栏如图2-41所示。

图2-41

"钢笔工具"属性栏中的各选项含义如下。

工具模式：该下拉列表中包括"形状""路径"和"像素"3个选项。

建立：该选项区域中包括"选区""蒙版"和"形状"3个按钮，单击相应的按钮，可以创建选区、蒙版和形状。

路径操作 ▣：单击该按钮，可以选择路径的运算方式。

路径对齐方式 ▤：单击该按钮，在弹出的下拉列表中可以选择相应的路径对齐选项。

设置其他钢笔和路径选项：单击该按钮，可以打开钢笔选项的下拉面板，面板中有"橡皮带"复选框，勾选后可以在绘制路径的同时观察路径的走向。

自动添加/删除：勾选该复选框后，可以智能增加和删除锚点。

选择"钢笔工具" ◢，在属性栏中设置"工具模式"为"路径"，沿着皮鞋边缘创建锚点，如图2-42所示，按Ctrl+Enter组合键，将路径转换为选区，按Ctrl+Shift+I组合键，反选选区，如图2-43所示。按Delete键，删除选区内的背景图像，如图2-44所示。

图2-42

图2-43

图2-44

4.抠取毛发图像

在给毛绒玩具商品图替换背景时，可以使用"选择并遮住"功能进行抠图，它可以最大程度地保留毛发细节，提高工作效率。

在毛绒玩具边缘创建选区，如图2-45所示。在属性栏中单击"选择并遮住"按钮，进入"选择并遮住"界面，在"视图"下拉列表中选择"黑底"，如图2-46所示。

图2-45

图2-46

勾选"智能半径"复选框，修改"半径"和"移动边缘"参数的值，如图2-47所示。选择"调整边缘画笔工具"，在毛发边缘涂抹，细化毛发细节，如图2-48所示。

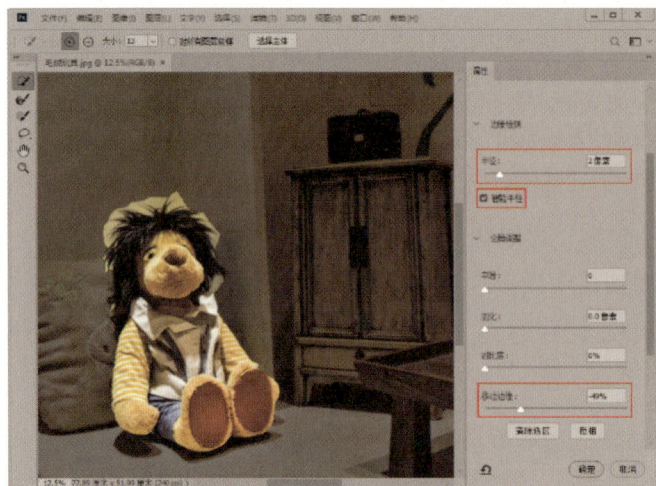

图2-47

图2-48

在"属性"面板中设置"输出设置"，选择"新建带有图层蒙版的图层"选项，如图2-49所示。单击"确定"按钮，在"图层"面板中复制一个图层并添加图层蒙版，如图2-50所示。

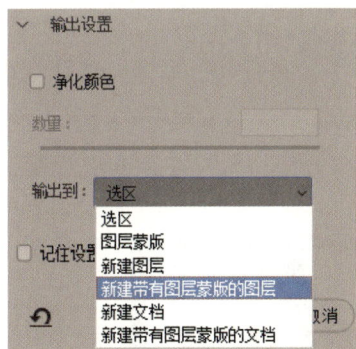

图2-49

图2-50

5.抠取光效图像

在电商页面设计中会经常使用光效图进行点缀，丰富画面的层次。光效图大部分都是深色背景，此时利用"混合颜色带"可以轻而易举地将光效图的背景隐藏，让下面的图像穿透当前的图层显示出来。

图2-51为烟花素材。双击该素材所在的图层，打开"图层样式"对话框，在"混合颜色带"选项组中调整滑块，隐藏深色区域，如图2-52所示。

图2-51

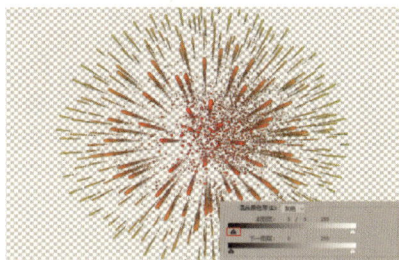

图2-52

按住Alt键拖动滑块，可以将滑块分成两部分，分开操作，此时隐藏了烟花素材的深色背景，如图2-53所示。

图2-53

二、巩固训练——制作新鲜果橙主图

实用指数：☆☆☆☆☆

技术掌握："快速选择工具"的使用方法。

①启动 Photoshop CC 2019软件，执行"文件"→"打开"命令，选择本小节的素材文件"果橙.jpg"，将其打开，如图2-54所示。

②选择工具箱中的"快速选择工具"，在空白处按住鼠标左键拖曳光标，创建选区，如图2-55所示。

图2-54　　　　　　　　　　　　　图2-55

③按Delete键，即可删除选区内的背景图像，如图2-56所示。

④按Ctrl+O组合键，打开"主图背景.jpg"素材，如图2-57所示。

图2-56　　　　　　　　　　　　　图2-57

⑤选择工具箱中的"移动工具"，将果橙图像窗口中的果橙移动至背景图像窗口中，如图2-58 所示。

⑥在果橙图层的下方新建图层，选择"画笔工具"并适当调整画笔的"不透明度"，在果橙的底部绘制黑色投影，如图2-59所示。

图2-58　　　　　　　　　　　　　图2-59

⑦选中果橙，按Ctrl+T组合键，将果橙稍微放大，最终效果如图2-60所示。

图2-60

典型工作环节五　制作投影/倒影

在制作电商店铺页面时，除了需要对元素进行合理的排布以外，还需要根据产品的类型和摆放位置，添加合适的投影或倒影，使其效果更加逼真。本节分别讲解不同投影和倒影的制作方法，掌握物体形状和投影、倒影之间的关系，无论在什么样的场景中，都能制作出物体真实的投影和倒影效果。

一、边学边练

1.模糊投影

模糊投影是比较常见的一种投影，可以在Photoshop软件中使用"高斯模糊"命令或"图层样式"来制作。

在工具箱中选择"椭圆选框工具"，在图像上按住鼠标左键拖曳光标，绘制一个椭圆选区，如图2-61所示。在椭圆选区内填充黑色，如图2-62所示。执行"滤镜"→"模糊"→"高斯模糊"命令，弹出"高斯模糊"对话框，修改"半径"为8.2像素，单击"确定"按钮，如图2-63所示，为椭圆图形添加"高斯模糊"滤镜，图像效果如图2-64所示。

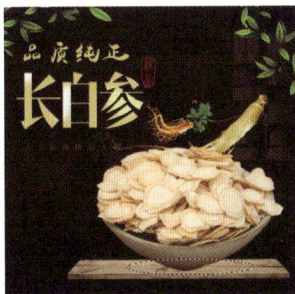

图2-61　　　　　　　　　图2-62

图2-63   图2-64

再执行"滤镜"→"模糊"→"表面模糊"命令，弹出"表面模糊"对话框，修改"半径"为22像素，"阈值"为175色阶，单击"确定"按钮，即可为椭圆图形添加"表面模糊"滤镜，如图2-65所示。

在"图层"面板中选择投影所在的图层，修改"不透明度"参数为80%，得到最终的图像效果，如图2-66所示。

技巧与提示

可以打开"图层样式"对话框，勾选"投影"选项，并设置"投影"参数，制作投影效果。

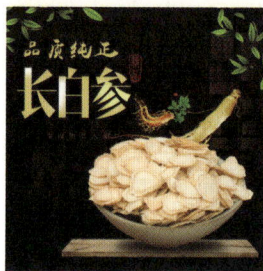

图2-65   图2-66

2.渐变投影

渐变投影，顾名思义，就是用渐变做出的投影效果，可以使用"渐变工具"并结合"动感模糊"命令来实现。渐变投影与单色投影最大的区别在于渐变投影效果更加逼真，应用更加灵活。

首先在工具箱中选择"椭圆选框工具"，在图像上按住鼠标左键拖曳光标，绘制一个椭圆选区，如图2-67所示。然后选择"渐变工具"，在属性栏中单击"点按可编辑渐变"按钮，弹出"渐变编辑器"对话框，设置色标1的颜色为#1a0242，设置色标2的颜色为#4b0la8，单击"确定"按钮。最后在属性栏中单击"线性渐变"按钮，在椭圆选区内按住鼠标左键拖曳光标，从左往右拖出一条直线，填充渐变色，如图2-68所示。

图2-67　　　　　　　　　　图2-68

取消选区，执行"滤镜"→"模糊"→"动感模糊"命令，弹出"动感模糊"对话框，修改"角度"为10度，"距离"为119像素，单击"确定"按钮，如图2-69所示，即可为椭圆图形添加"动感模糊"滤镜，如图2-70所示。最后选中投影所在的图层，修改"不透明度"参数为70%，得到最终的图像效果，如图2-71所示。

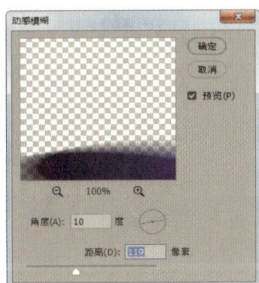

图2-69　　　　　　　图2-70　　　　　　　　图2-71

3.扁平化长投影

扁平化长投影是将一个普通图形的投影放在45°方向上的效果，具有延伸效果，使用这样的效果可以使得整体的效果更具深度。

选择工具箱中的"矩形工具"，在属性栏中设置"工具模式"为"形状"，修改"描边"为"无"，"填充"为#8b7808到透明的渐变，在图像上按住鼠标左键拖曳光标，绘制一个矩形图形，如图2-72所示。选择矩形，按Ctrl+T组合键，显示变形定界框，右键单击变换定界框，弹出快捷菜单，选择"斜切"命令，拖动变形定界框上的控制点，改变矩形图形的形状，如图 2-73所示。

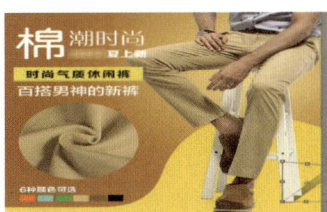

图2-72　　　　　　　　　　图2-73

选择矩形图层，修改"不透明度"为88%，如图2-74所示。参照上述投影的制作方法，制作其他投影效果，如图2-75所示。

图2-74   图2-75

4.商品正视图的倒影

许多商品通常只会拍摄一个正视图，因此制作倒影时也只需做正视图水平方向上的即可。在做海报、主图和详情描述中都会经常用到，倒影效果可以让商品更加立体、视觉表现上更有空间感，从而使产品更加有质感。

复制一个商品图层，执行"编辑"→"变换"→"竖直翻转"命令，竖直翻转图像，将竖直翻转后的图像移动至合适的位置，如图2-76所示。选中复制的图层，在图层面板底部单击"添加图层蒙版"按钮，添加图层蒙版，如图2-77所示。选择"渐变工具"，选择"前景色到透明渐变"，在图像上按住鼠标左键并向上拖曳，填充渐变色，并修改选择图层的"不透明度"为70%，得到最终的图像效果，如图2-78所示。

图2-76   图2-77   图2-78

5.圆柱体商品斜视图的倒影

很多商品的外形是圆柱体类，后期制作倒影时会遇到光线发散，投影边缘不在同一水平线上的麻烦，此时就需要通过Photoshop软件的"变形"功能来实现。

选择工具箱中的"矩形选框工具"，在图像上按住鼠标左键拖曳光标，创建矩形选区，如图2-79所示。按Ctrl+J组合键，复制选区内的图像，执行"编辑"→"变换"→"竖直翻转"命令，竖直翻转图像，并将竖直翻转后的图像移动至合适的位置，如图2-80所示。按Ctrl+T组合键，显示变形定界框，右键单击变形定界框，执行"变形"命令，显示变形网格线，调整网格线的位置，改变图像的形状，如图2-81所示，按Enter键确认。

图2-79　　　　　　　　　图2-80　　　　　　　　　图2-81

选中复制的图层，为其添加图层蒙版。选择"渐变工具" ，选择预设的"前景色到透明渐变"，在图像上按住鼠标左键向上拖曳光标，填充渐变色，如图2-82所示。修改选中的图层的"不透明度"为70%，得到最终的图像效果，如图2-83所示。

图2-82　　　　　　　　　图2-83

6.立方体商品斜视图的倒影

在工具箱中选择"多边形套索工具"，在图像上依次单击鼠标，创建套索路径，完成多边形套索选区的创建，如图2-84所示。按Ctrl+J组合键，复制选区内的图像，执行"编辑"→"变换"→"竖直翻转"命令，竖直翻转图像，并将竖直翻转后的图像移动至合适的位置，如图2-85所示。按Ctrl+T组合键，显示变形定界框，右键单击变形定界框，执行"斜切"命令，调整控制点的位置，改变图像的形状，如图2-86所示。

图2-84　　　　　　　　　图2-85　　　　　　　　　图2-86

选中复制的图层，为其添加图层蒙版。选择"渐变工具" ，选择预设的"前景色到透明渐变"，在图像上按住鼠标左键向上拖曳光标，填充渐变色，如图2-87所示。使用同样的方法制作侧面的倒影，最终效果如图2-88所示。

图2-87

图2-88

二、巩固训练——制作女包倒影

实用指数：☆ ☆ ☆ ☆ ☆

技术掌握："竖直翻转"命令和"渐变工具"的使用方法。

①启动 Photoshop CC 2019软件，执行"文件"→"打开"命令，选择本小节的素材文件"背景.jpg"，将其打开，如图2-89所示。

②执行"文件"→"置入嵌入对象"命令，在"置入嵌入的对象"对话框中选择要置入的"包.png"素材文件，如图2-90所示，单击"置入"按钮，将素材置入背景图。

图2-89

图2-90

③按Ctrl+T组合键，对其进行自由变换，按Enter键确认，如图2-91所示，将其所在的图层栅格化。

④选择"包"图层，按Ctrl+J组合键复制图层，执行"编辑"→"变换"→"竖直翻转"命令，竖直翻转图像，如图2-92所示。

图2-91

图2-92

⑤选择工具箱中的"移动工具"，将竖直翻转后的图像移动至合适的位置，如图2-93所示。

　⑥选择复制的图层，在"图层"面板底部单击"添加图层蒙版"按钮，添加图层蒙版，如图2-94所示。

图2-93　　　　　　　　　　　图2-94

⑦选择"渐变工具"，可选择预设的"前景色到透明渐变"，在图像上按住鼠标左键向上拖曳光标，填充渐变色，如图2-95所示。

⑧修改复制的图层的"不透明度"为70%，得到最终的图像效果，如图2-96所示。

图2-95　　　　　　　　　　　图2-96

典型工作环节六　合成图像和制作特效

图像合成是Photoshop强大的功能之一，借助Photoshop强大的功能对商品图像进行合成，能够轻松制作出唯美大气、色彩艳丽的商品图，从而表达出商品想要体现的主题，丰富画面。本节将详细介绍电商店铺装修中常用的图像合成方法和特效的制作方法。

一、边学边练

1.合成"钻出"屏幕效果

在电商店铺装修中，钻出屏幕的效果经常用到，尤其在电子产品方面使用得特别多，这种效果可以突显出电子产品的优势特征。其制作过程并不复杂，重要的是学会观察，对素材"钻出"屏幕部分进行精确选择，然后添加图层蒙版，就可以制作出这种效果。

打开两个素材，将其中一个素材拖曳到另一个素材画面中，调整拖入素材大小和位置，如图2-97所示。修改拖入素材"不透明度"为50%，选择"多边形套索工具"，在图像上依次单击鼠标，创建出电脑屏幕的多边形选区，如图2-98所示。

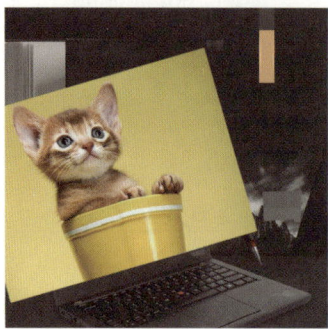

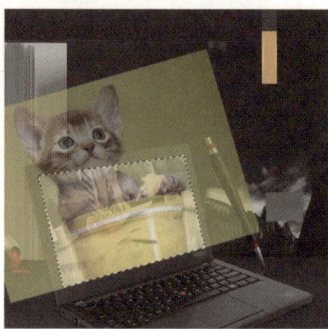

图2-97   图2-98

再选择"磁性套索工具" ，按住Shift键，在猫咪头部边缘单击，沿着它的边缘移动光标，创建选区，完成加选选区的操作，如图2-99所示。在"图层"面板底部单击"添加图层蒙版" 按钮，为拖入的素材的图层添加图层蒙版，并将图层的"不透明度"修改为100%，如图2-100所示。

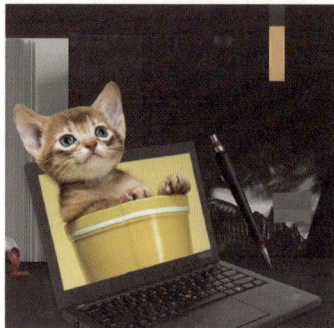

图2-99   图2-100

2.为商品图像制作绘画效果

使用Photoshop中的"滤镜"命令可以制作出各种各样的图像特效，如素描、油画、水彩、水粉等绘画效果，从而可以将普通的商品图像变为非凡的视觉艺术作品。

图2-101为原图和原图层，按Ctrl+J组合键，复制"背景"图层，按Shift+Ctrl+U组合键对该图像进行去色处理，如图2-102所示。

选择复制的背景图层，再次复制图层，修改复制的图层的混合模式为"线性减淡（添加）"，如图2-103所示。按Ctrl+I组合键，使图像反相，如图2-104所示。

图2-101

图2-102

图2-103

图2-104

执行"滤镜"→"其他"→"最小值"命令，弹出"最小值"对话框，修改"半径"为3像素，如图2-105所示，单击"确定"按钮，效果如图2-106所示。

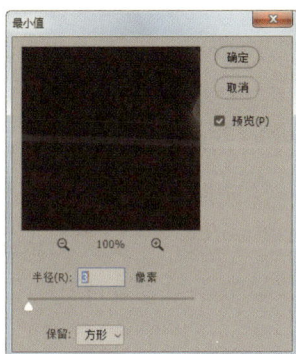

图2-105

图2-106

合并所有复制的图层，再复制"背景"图层，调整图层顺序，如图2-107所示。修改复制的图层的混合模式为"颜色"，最终制作出的彩色素描效果如图2-108所示。

图2-107

图2-108

61

3.添加光晕以体现商品协调性

光晕效果可以为商品图片增色。使用"镜头光晕"滤镜可以直接模拟出亮光进入相机镜头所产生的折射效果。

执行"滤镜"→"渲染"→"镜头光晕"命令，弹出"镜头光晕"对话框，在"镜头类型"选项区中选择"电影镜头"单选按钮，修改"亮度"为109%，单击"确定"按钮，即可为商品图像添加镜头光晕效果，如图2-109所示。

图2-109

4.添加光线效果

为商品图添加适当的光线效果，可以为其增添梦幻感，同时将商品的特点呈现出来。绘制简单路径并使用画笔工具，可以制作出光线效果。

首先选择"椭圆工具"，在属性栏中修改"工具模式"为"路径"，在图像上按住鼠标左键拖曳光标，绘制一个椭圆路径，如图2-110所示。再选择"画笔工具"，在属性栏中修改"大小"为3像素。最后使用"路径选择工具"，在图像上选择椭圆路径，右键单击，打开快捷菜单，选择"描边路径"选项，弹出"描边路径"对话框，在"工具"列表框中选择"画笔"选项，勾选"模拟压力"复选框，如图2-111所示。单击"确定"按钮，即可为路径描边，如图2-112所示。

图2-110　　　　　　　　　图2-111　　　　　　　　　图2-112

双击路径所在图层，弹出"图层样式"对话框，勾选"外发光"复选框，设置"外发光"参数，如图2-113所示，最终光线效果如图2-114所示。

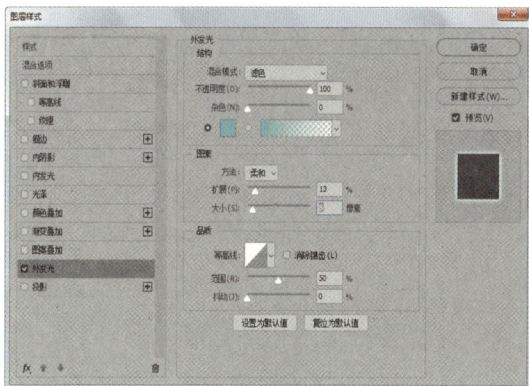

图2-113

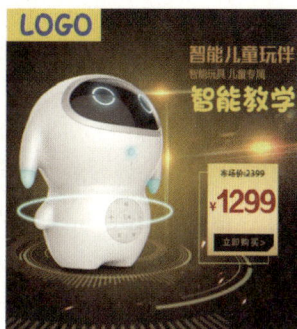

图2-114

二、巩固训练——制作立体商品图

实用指数：☆☆☆☆☆

技术掌握：图层样式的使用方法。

①启动 Photoshop CC 2019软件，执行"文件"→"打开"命令，选择本小节的素材文件"背景.jpg"，将其打开，如图2-115所示。

②执行"文件"→"置入嵌入对象"命令，在"置入嵌入的对象"对话框中选择要置入的"笔记本.png"素材文件，如图2-116所示。单击"置入"按钮，将素材置入背景图。

图2-115

图2-116

③按Ctrl+T组合键，对其进行自由变换，按Enter键确认，如图2-117所示，将其所在的图层栅格化。

④双击"笔记本"图层，打开"图层样式"对话框，勾选"投影"选项，设置"投影"参数，如图2-118所示，单击"确定"按钮，投影效果如图2-119所示。

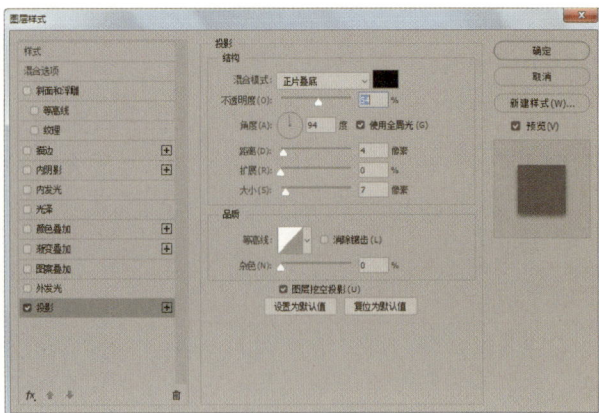

图2-117　　　　　　　　　　　　　　图2-118

⑤选择工具箱中的"多边形套索工具"，在笔记本的下方创建选区，如图2-120所示。

图2-119　　　　　　　　　　　　　　图2-120

⑥按Ctrl+J组合键，复制选区内容，隐藏"笔记本"图层，效果如图2-121所示。

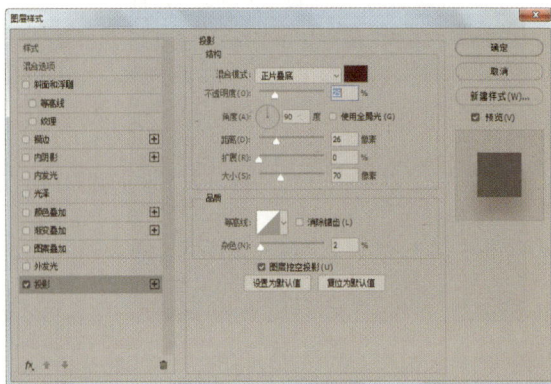

图2-121　　　　　　　　　　　　　　图2-122

⑦将复制的图层移至"笔记本"图层下方，并双击复制的图层，打开"图层样式"对话框，勾选"投影"选项，设置"投影"参数，如图2-122所示，单击"确定"按钮，投影效果如图2-123所示。

⑧显示"笔记本"图层，再次使用"多边形套索工具"，创建笔记本屏幕的选

区，如图2-124所示。

图2-123

图2-124

⑨按Ctrl+J组合键，复制选区内容，生成"图层2"，双击"图层 2"，打开"图层样式"对话框，勾选"投影"选项，设置"投影"参数，如图2-125所示，单击"确定"按钮，投影效果如图2-126所示。

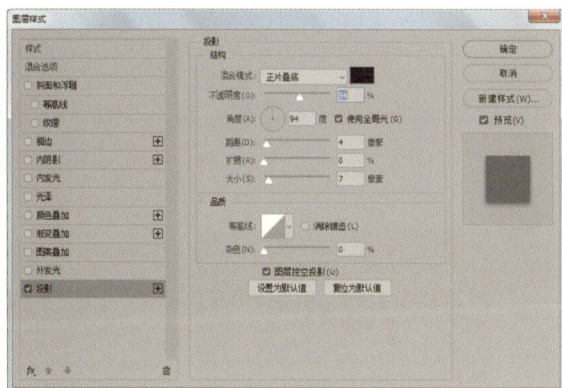

图2-125

图2-126

⑩隐藏"图层2"，选择"笔记本"图层，使用"磁性套索工具"，将屏幕中的人物创建为选区，如图2-127所示。

⑪按Ctrl+J组合键，复制人物选区内容，生成"图层3"，将人物选中，按Ctrl+T组合键，调整人物大小，最终效果如图2-128所示。

图2-127

图2-128

课堂思考

1.仿制图章工具和图案图章工具的区别是什么？

2.选择画笔工具后，可以在属性栏中设置画笔参数，但为什么还要使用"画笔"面板设置绘图工具呢？

3.若是Photoshop自带的画笔也不能满足需要，应该怎么办呢？

4.若是想将模糊的图片变得清晰应该选哪一种修复工具？

5."反相"命令是调整图像哪方面的命令？

6.在处理曝光过度的照片时，有没有使照片快速恢复正常的方法？

7.使用"自动颜色"命令能达到什么效果呢？

课后训练

1.复制商品图像

实用指数：☆☆☆☆

技术掌握："修饰工具"的使用方法。

本习题主要练习"修饰工具"的使用，复制画面中的商品图像，最终制作出饱满的画面效果，如图2-129所示。

步骤如图2-130所示。

图2-129　　　　　　　　图2-130

2.处理偏暗照片

实用指数：☆☆☆☆

技术掌握："亮度/对比度"和"曲线"命令的使用方法。

本习题主要练习执行"亮度/对比度"和"曲线"命令，调整偏暗商品主图的色调，最终制作出色调明亮的主图效果，如图2-131所示。

图2-131

步骤如图2-132所示。

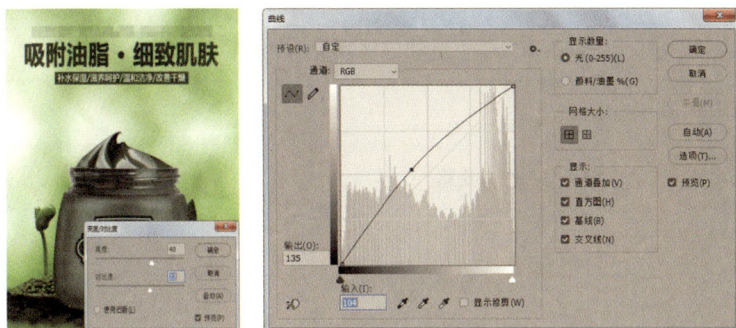

图2-132

3.制作牙刷倒影

实用指数: ☆☆☆☆

技术掌握: "多边形套索工具"的使用方法。

本习题主要练习多边形套索工具的使用,将牙刷素材置入背景,创建牙刷底部的选区,并使用"变形"命令调整底部形状,再使用"渐变工具"制作投影效果,最终画面效果如图2-133所示。

步骤如图2-134所示。

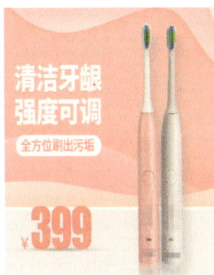

图2-133

图2-134

4.制作笔记本宣传图

实用指数: ☆☆☆☆

技术掌握: "磁性套索工具"的使用方法。

本习题主要练习磁性套索工具的使用,抠取笔记本屏幕与狮子头部并添加层蒙版,最终效果如图2-135所示。步骤如图2-136所示。

图2-135

图2-136

⬣ 评价反馈

表 2-1　活动过程评价小组自评表

组名		日期	年　月　日
评价指标	评价要素	分数	分数评定
信息检索	能有效利用网络、工作手册查找有用信息；能用自己的语言有条理地解释所学知识；能将查找的信息有效转换到工作中	10	
感知工作	是否熟悉各自的工作内容，在工作中是否获得满足感	10	
参与状态	探究学习、自主学习不流于形式；与教师、同学之间是否相互尊重，保持有效的信息交流；处理好独立思考和合作学习之间的关系，做到有效学习	20	
学习方法	工作计划、操作技能是否符合要求；是否获得了进一步发展能力	10	
工作过程	操作合规；出勤情况；每天完成任务的情况；善于多角度思考问题	15	
思维状态	能否发现问题、提出问题、分析问题、解决问题、创新问题	10	
自评反馈	按时按质完成工作任务；较好掌握了专业知识点；具有较强的信息分析能力和理解能力	25	
自评分数			
有益的经验和做法			
总结反思建议			

表 2-2　活动过程评价小组互评表

组名		日期	年　月　日
评价指标	评价要素	分数	分数评定
信息检索	该组能否有效利用网络、工作手册查找有用信息；能否用自己的语言有条理地解释所学知识；能否将查找的信息有效转换到工作中	15	
感知工作	该组是否熟悉各自的工作内容，在工作中是否获得满足感	10	
参与状态	该组与教师、同学之间是否相互尊重，保持有效的信息交流；是否处理好独立思考和合作学习之间的关系，做到有效学习	25	
学习方法	该组工作计划、操作技能是否符合要求；是否获得了进一步发展能力	10	
工作过程	该组是否操作合规；出勤情况；每天完成任务的情况；善于多角度思考问题	25	
思维状态	该组能否发现问题、提出问题、分析问题、解决问题、创新问题	5	
互评反馈	该组能严肃认真地对待自评	10	
互评分数			
简要评述			

表 2-3　教师评价表

组名和成员				
出勤情况				
评价指标	评价内容	评价标准	分值	分数
接受任务 任务描述	口述任务内容细节	表述仪态自然、吐字清晰；表述思路层次分明、准确	10	
任务分析 分组情况	任务分析落实分组和任务分工	分组是否顺利、明确；涉及理论知识回顾完整	20	
计划实施	任务实施中的学习、讨论和完成全过程	独立思考和小组学习结合；尊重、友好氛围完成讨论；顺利完成任务	55	
总结	任务总结	依据作品、自评和互评	15	
合计分数				

项目三
设计店铺首页

典型工作环节一 分析任务

一、任务内容

打开一个口碑和销量都不错的网店，通过店铺首页的浏览和分析，重点考察首页布局、店招设计、导航条设计、首页海报设计和辅助板块设计几个方面，重点分析一下，需要注意哪些设计要点？

二、学习目标

1.了解店铺首页布局有哪些；

2.熟悉店招的分类和注意事项；

3.熟悉导航条的设计要求；

4.掌握首页海报的设计技巧；

5.熟悉辅助板块包含哪些内容；

6.能够熟练运用Photoshop软件设计店铺首页的相关内容。

三、任务分组

学生任务分配表

班级		组号	
组长		指导教师	
组员			
任务分工			

四、任务引导

1. 小组共同商议选定一个网店；
2. 探讨首页布局、店招设计、导航条设计、首页海报设计和辅助板块设计；
3. 探讨店铺首页设计需要注意哪些设计要点。

典型工作环节二 识别店铺首页

店铺首页是顾客进入店铺看到的第一个页面，能否在第一时间抓住顾客的眼球，延长顾客的停留时间，首页的创意设计至关重要，下面将对首页的具体内容进行详细介绍。

一、边学边练

1.店铺首页内容

电商店铺首页包含店招、导航条、首页海报、收藏区、店铺页尾等内容，下面将分别进行介绍。

（1）店招

店招是电商店铺的招牌，可以表明店铺的名称，如图3-1所示。

图3-1

（2）导航条

导航条用于店铺产品的分类引导，在设计导航条时需考虑店铺产品共有多少类别，是否需要放品牌文案或重要活动专区等内容，如图3-2所示。

图3-2

（3）首页海报

海报在店铺中必不可少，首页海报起着宣传和导航的作用，如图3-3所示。

图 3-3

（4）客服区

客服区一般出现在店铺首页的中间位置，用于显示店铺的客服信息，如图3-4所示。

图3-4

（5）收藏区

收藏区一般显示在首页的顶部或底部，在很多电商店铺的固定区域，都会用统一的按钮或者图标提醒对店铺进行收藏，如图3-5所示。

2.首页主要元素的摆放位置

设计店铺首页时，需要了解首页的整体结构，如海报、热销区、商品展示区等的摆放位置，下面将详细讲解首页中各个区域的摆放位置。

图3-5

（1）海报

海报位于导航条下方，是首页第一视觉位置，因此面积较大，如图3-6所示。

图3-6

（2）热销区

热销区位于海报的下方，如图3-7所示，当店铺中有公告栏时，热销区则位于公告栏下方。

图3-7

（3）商品展示区

店铺中的商品展示区紧挨着热销区，在热销区下方，商品展示区也可以根据需要和个人喜好摆放在其他位置，如图3-8所示。

图3-8

3.首页布局介绍

店铺首页的布局方式有普通店铺首页布局和旺铺首页布局两种，下面将分别介绍。

（1）普通店铺首页布局

普通店铺的首页布局一般比较简洁明了，采用店招、分类区、活动展示区和首页焦点图等常用模块进行布局，如图3-9所示。

（2）旺铺首页布局

旺铺首页的布局在内容上比较丰富，排版也比较讲究，需要展示出旺铺高端、大气的风格，商品分类也非常全面，如图3-10所示。

图3-9

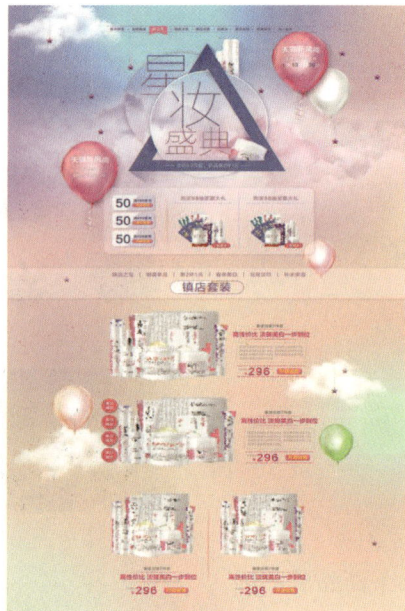

图3-10

二、巩固训练——设计简约的首页布局

实用指数：☆☆☆☆☆

技术掌握：矩形工具、圆角矩形工具、椭圆工具、直线工具的使用方法。

①启动Photoshop CC 2019软件，执行"文件"→"新建"命令，新建一个1920像素×3949像素的文档，将画面背景颜色修改为#f6f6f6，如图3-11所示。

②执行"文件"→"置入嵌入对象"命令，将素材文件"首页海报.jpg"置入，放到画面的顶部，如图3-12所示。接着制作优惠券区域，选择工具箱中的"矩形工具"，在属性栏中设置工具模式为"形状"，"填充"为#a8bbb9，"描边"为无，在海报下方绘制矩形，如图3-13所示。

图3-11

图3-12

图3-13

③继续使用"矩形工具"，在矩形左侧绘制两个较小的矩形，如图3-14所示。选择工具箱中的"横排文字工具"，设置文字为黑体，适当调整文字的大小和颜色，在小矩形上方输入文本，如图3-15所示。

图3-14

图3-15

④选择工具箱中的"多边形工具"，在属性栏中设置"填充"为白色，"描边"为无，"边"为3，在"领卷专享"文本右侧绘制三角形，如图3-16所示。将白色矩形内所有内容创建为图层组，命名为"新品优惠券"，使用"横排文字工具"输入文本，制作优惠券，如图3-17所示。

图3-16

图3-17

⑤双击该文本框，打开"图层样式"对话框，勾选"投影"选项，设置参数，如图3-18所示，单击"确定"按钮，文字投影效果如图3-19所示。

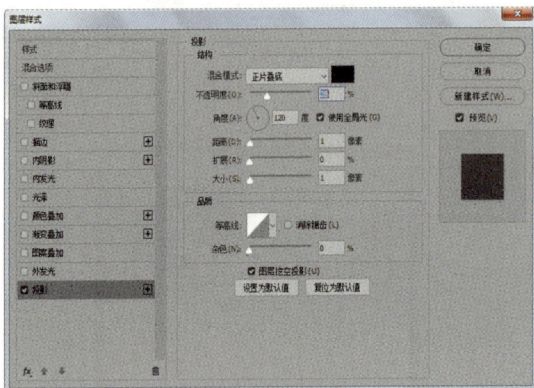

图3-18

图3-19

⑥继续输入文本，并绘制矩形与三角形，操作方法与之前相同，如图3-20所示。使用同样的方法绘制其他两个优惠券，如图3-21所示。

图3-20

图3-21

⑦选择工具箱中的"直线工具"，在属性栏中设置"填充"为白色，"描边"为无，"粗细"为"1像素"，在优惠券之间绘制白色直线，如图3-22所示。

图3-22

⑧新建"文字1"图层组，在图层组内制作其他内容。选择"椭圆工具"，设置填充为#809c99，在优惠券区域的下方绘制两个圆形，并在圆形内和圆形右侧的位置输入文本，如图3-23所示。在下方继续输入文本，如图3-24所示。

图3-23

图3-24

⑨选择工具箱中的"钢笔工具"，在属性栏中设置"填充"为无，"描边"为黑色，描边宽度为1像素，在黑色文字的左右两边绘制波纹，如图3-25所示。

图3-25

⑩新建"文字2"图层组，使用"圆角矩形工具"，在文字下方绘制圆角矩形，填充颜色为#809c99。在右侧的"属性"面板中设置左下角和右上角的半径为"0像素"，将这两个角设置为直角，如图3-26所示。在该图形内部绘制一个白色的圆角矩形，如图3-27所示。

图3-26

图3-27

⑪在圆角矩形的内部和上方输入文本，如图3-28所示。使用"椭圆工具"，在文字上方绘制小圆形，并在圆形内输入"特点"文本，新建"特色"图层组，将该图形图层和文字图层拖入图层组，复制该图层组两次，并调整图形位置，如图3-29所示。

图3-28

图3-29

⑫选择"直线工具"，在属性栏中设置"填充"为无，"描边"为#809c99，描边宽度为"3点"，并设置描边类型为虚线，在大圆角矩形的下方绘制一条虚线，如图3-30所示。

⑬复制"文字2"图层组，并将图形移动到虚线下方，再复制"文字1"图层组，同样将图形向下移动，并将黑色文字改为"商品展示"，如图3-31所示。

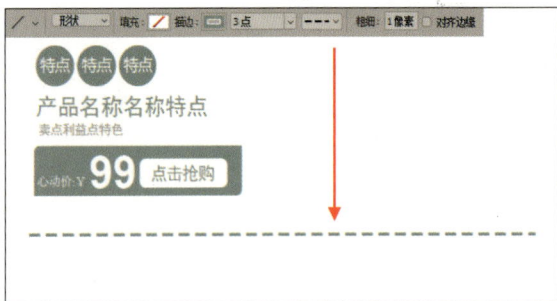

图3-30

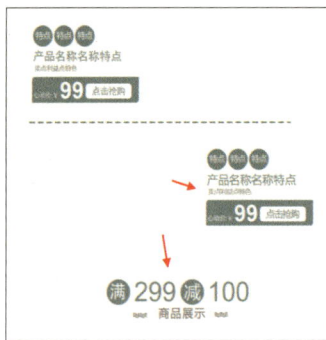

图3-31

⑭创建"商品展示"图层组，制作商品展示区域，在商品展示文字下方绘制矩形，填充为浅绿色（#d9e1e0），如图3-32所示。在浅绿色矩形中绘制几个小的矩形，如图3-33所示。在下方3个小矩形下方添加文本和"点击抢购"按钮，如图3-34所示。

图3-32

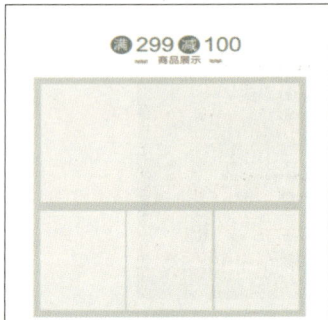

图3-33

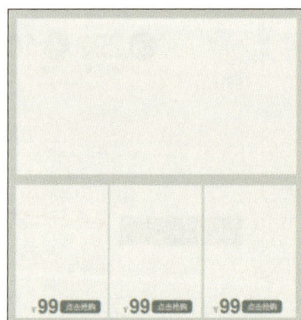

图3-34

⑮绘制底部区域。在画面最底部绘制长条矩形，再绘制圆形，填充颜色为#a3b6b4，将圆形向下移动，如图3-35所示。在圆形中添加文本，如图3-36所示。

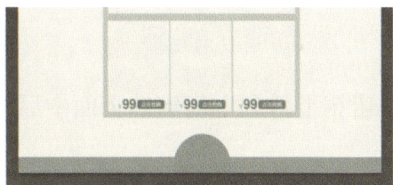

图3-35

图3-36

⑯首页最终效果，如图3-37所示。

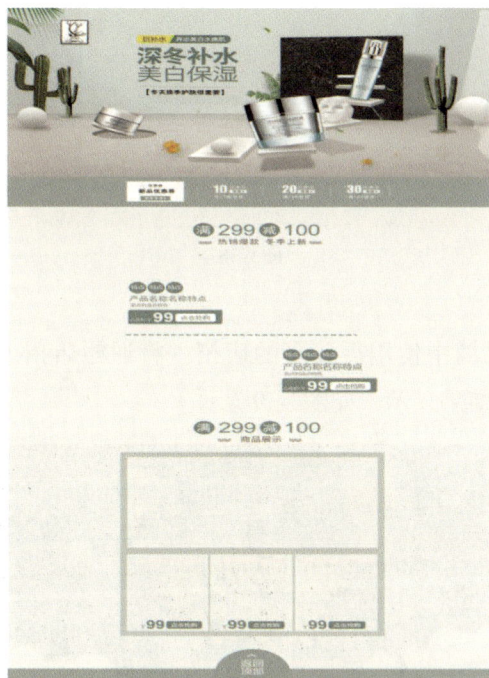

图3-37

典型工作环节三　设计店招

　　店招是一个店铺的招牌，放在店铺的顶端，用来说明经营项目。本节将详细讲解店招的相关基础知识和制作方法。

一、边学边练

1.店招的分类

　　店招是店铺品牌展示的窗口，是买家对店铺的第一印象的主要来源，其作用与实体店铺的招牌的作用相同，鲜明而有特色的店招对店铺的品牌形象和产品定位有着不可替代的作用。在众多的店铺中，店招多种多样，具有不同的风格。店招的类别一般包含常规店招和通栏店招两种。

（1）常规店招

常规店招是普通店铺常用的店招，将常规店招上传到电商店铺页面中后，店招两侧将显示空白，如图3-38所示。

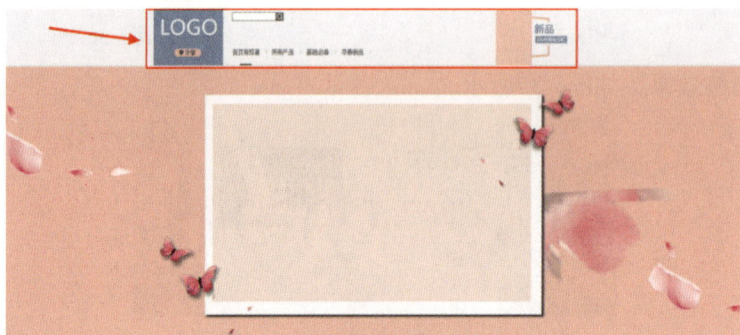

图3-38

（2）通栏店招

通栏店招是电商旺铺中使用得较多的店招。将通栏店招上传到电商店铺页面中后，店招会根据设计的结果显示，如图3-39所示。

图3-39

2.店招设计的注意事项

为了让店招有特点且便于记忆，会在店铺设计中对店招的尺寸、格式等要素进行规范，本小节主要讲解店招设计中需要注意的事项。

（1）店招尺寸规范

店招有两种尺寸，常规店招的尺寸通常为950像素×120像素，而通栏店招的尺寸通常为920像素×150像素。

（2）店招格式规范

在电商店铺设计中，店招的格式分为3类，即JPEG、GIF和PNG。GIF格式的店招就是通常见到的带有动画效果的动态店招。

（3）店招设计要点

对于消费者而言，店铺的名称、特性、定位及店铺的介绍都可以通过店招呈现。因此在设计店招时要清楚两大设计要点。

第一，与店铺色彩相搭配：在设计店招时，需要与店铺的颜色相搭配，不要与整个店铺的布局有太大差别，如图3-40所示。

图3-40

第二，明确消费群体：根据店铺销售的商品，明确消费群体，然后根据消费群体的心理来设计店招，便于在第一时间抓住顾客的注意力，让顾客记住店招传递出的信息。

3.店招包括的信息

店招中包含店铺Logo、店铺名称、店铺口号、收藏按钮、关注按钮、促销广告、优惠券、活动信息、店铺公告等，如图3-41所示。

图3-41

4.店招的意义

店招出现在店铺首页最上方的关键位置，它在电商店铺的经营过程中有以下几个意义。

①店招是店铺核心信息通告区，是整个店铺的黄金展示位，在这个重要的区域中，要把店铺最大的优势展现出来，如商品优势、服务优势、价格优势等，也可以在该区域中介绍促销活动或者推介单品。

②店招可以引起买家的购物欲望，通过店招上的营销信息，吸引顾客的眼球。

二、巩固训练——制作化妆品店铺店招

实用指数：☆☆☆☆☆

技术掌握：矩形工具、圆角矩形工具的使用方法。

①启动Photoshop CC 2019软件，执行"文件"→"新建"命令，新建一个1920像素×150像素的文件，如图3-42所示。

②选择工具箱中的"矩形工具"，设置填充颜色为#fdeaea，绘制一个与文档大小相同的矩形，在矩形底部再绘制一个长条矩形，填充颜色为#fcbfe9，如图3-43所示。

图3-42

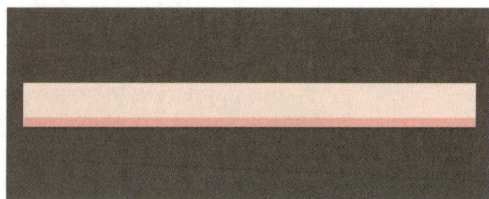

图3-43

③选择工具箱中的"圆角矩形工具"，在左下角绘制一个较小的圆角矩形，填充颜色为#6e0f1c。执行"滤镜"→"模糊"→"高斯模糊"命令，在"高斯模糊"对话框中设置"半径"为1.7像素，如图3-44所示。将圆角矩形稍微向下移动，效果如图3-45所示。

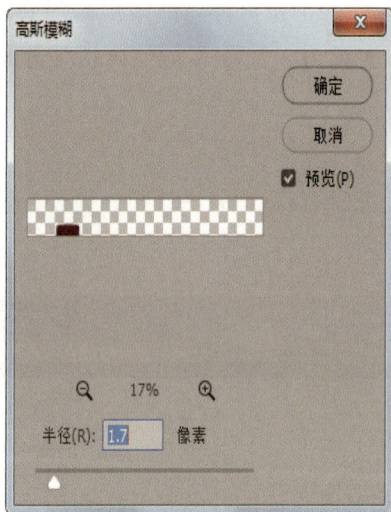

图3-44

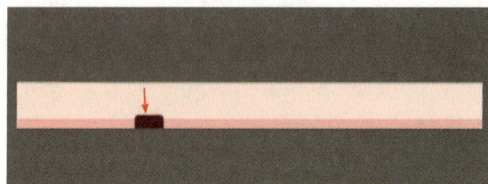

图3-45

④复制圆角矩形，将"高斯模糊"滤镜效果删除，并修改填充颜色为#f28696，将修改后的圆角矩形稍微向左移动，如图3-46所示。在圆角矩形的内部输入白色文本，文字设置为黑体，如图3-47所示。

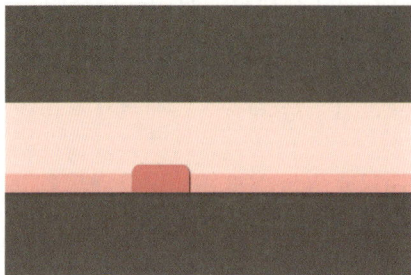

图3-46

图3-47

⑤在右侧继续输入文本，文字颜色修改为#740833，制作导航文字，如图3-48所示。

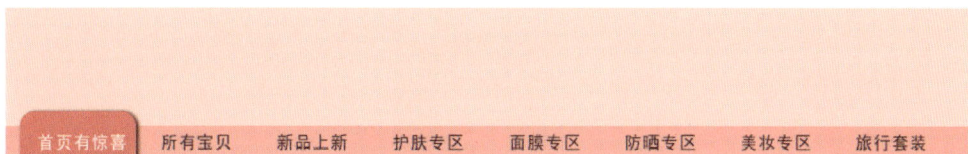

图3-48

⑥在文字之间绘制小圆形，如图3-49所示。

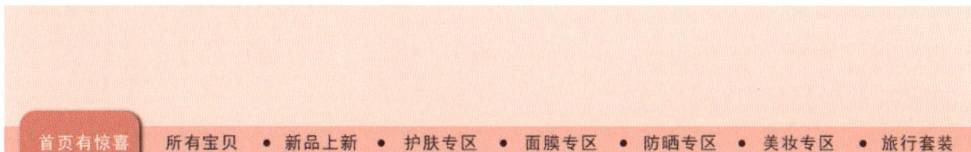

图3-49

⑦使用"圆角矩形工具"，在店招右侧绘制两个圆角矩形，较大的圆角矩形填充颜色为#f28696，设置圆角半径为41.5像素；较小的圆角矩形填充颜色为#eaeaea，设置圆角半径为5像素，如图3-50所示。在圆角矩形内部添加文本，如图3-51所示。

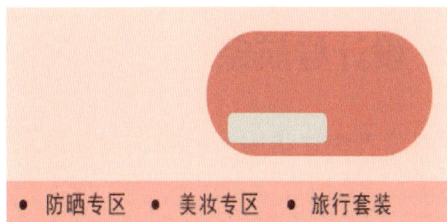

图3-50

图3-51

⑧执行"文件"→"置入嵌入对象"命令，置入"商品.png"素材，调整位置和大小，如图3-52所示。

⑨新建"爆款宝贝"图层组，将大圆角矩形及其内部的所有内容所在的图层都移至该图层组内，复制该图层组，并将复制的内容移至左侧，如图3-53所示。

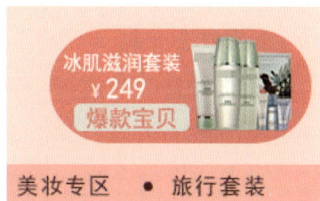

图3-52

图3-53

⑩在"首页有惊喜"文本上输入"LOGO"，设置文字字体为Arial，文本颜色为#f28696，如图3-54所示。置入"花.png"素材，将其移至店招左侧，并调整位置，如图3-55所示。

图3-54

图3-55

⑪复制花素材，先执行"编辑"→"变换"→"水平翻转"命令，水平翻转素材，再执行"编辑"→"变换"→"竖直翻转"命令，竖直翻转素材，移动素材至店招右侧，最终效果如图3-56所示。

图3-56

典型工作环节四　设计导航条

导航条用于显示商品的分类，可以方便浏览者快速访问所需要的商品或信息部分。本节将详细讲解各种导航条设计的具体方法。

一、边学边练

1.导航条介绍

导航条是电商店铺中不可缺少的部分，它为访问者提供一定的途径，使其可以快速访问所需的内容。导航条的作用是让繁多的商品以一种有条理的方式清晰展示，并引导用户毫不费力地找到商品信息。为了让商品信息可以有效地传递给用户，导航一定要简洁直观，如图3-57所示。

图3-57

2.导航条的设计要求

导航条在整个电商店铺中非常重要。在设计网店导航条的过程中，对于其尺寸有一定的限制，一般规定导航条的尺寸为950像素×150像素。导航条的形式有很多种，常见的有图片导航条、按钮导航条、文字导航条等，图3-58为不同的导航条效果。

图3-58

在设计导航条时需要注意以下基本要求。

①明确性：无论采用哪种导航条形式，其设计都应该简洁明确，让浏览者一目了然。只有明确的导航条才能够发挥引导作用，让浏览者找到所需的信息。

②可理解性：导航条对于浏览者来说应该是易于理解的，在表达形式上要使用清楚简洁的按钮，并且图文表达清晰，避免使用复杂的字句描述。

③完整性：导航条的内容要具体、完整，能够让浏览者获得整个网店销售的产品类目，进而通过完整的产品类目，直接获取网店中全部产品的信息。

④可咨询性：在设计导航条时，应该给买家提供咨询方式信息，当买家有疑问时，可以随时咨询。

二、巩固训练——制作小清新导航条

实用指数：☆☆☆☆☆

技术掌握：自定形状工具、圆角矩形工具、图层样式的使用方法。

①启动 Photoshop CC 2019软件，执行"文件"→"新建"命令，新建一个950像素×150像素的文件，设置背景颜色为#e8e9ed，如图3-59所示。

图3-59

②选择工具箱中的"自定义形状工具"，在属性栏中设置"填充"为白色，"描边"为无，"形状"选择"网格"，在画面中绘制一个150像素×150像素的正方形网络，如图3-60所示。

图3-60

③选择网格图形，按Ctrl+T组合键，旋转图形，并将其移至画面最左侧，如图3-61所示。在"图层"面板中选择"形状1"图层，调整图层"不透明度"为40%，如图3-62所示。

图3-61

图3-62

④选中"形状1"图层，按Ctrl+T组合键复制多个图层，并移动各个复制的图形位置，如图3-63所示。

图3-63

⑤继续复制图层，并移动图形至合适位置，如图3-64所示。新建"背景纹"图层组，将所有图形所在的图层都移至"背景纹"图层组中。

图3-64

⑥在工具箱中选择"圆角矩形工具",在属性栏中修改"工具模式"为"形状",在图像上按住鼠标左键拖曳光标,绘制一个W为928像素,H为47像素,"半径"为23像素的圆角矩形图形,如图3-65所示。

图3-65

⑦在"属性"面板中设置其填充颜色为从#9e606b到#f9acbc的渐变色,如图3-66所示。

图3-66

⑧双击"圆角矩形1"图层,打开"图层样式"对话框,勾选"斜面和浮雕"复选框,在对应的面板中修改各项参数值,如图3-67所示,勾选"投影"复选框,在对应面板中修改各参数值,如图3-68所示。

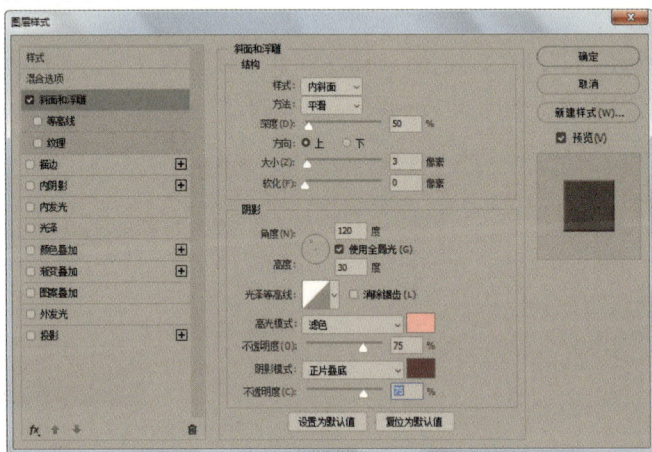

图3-67

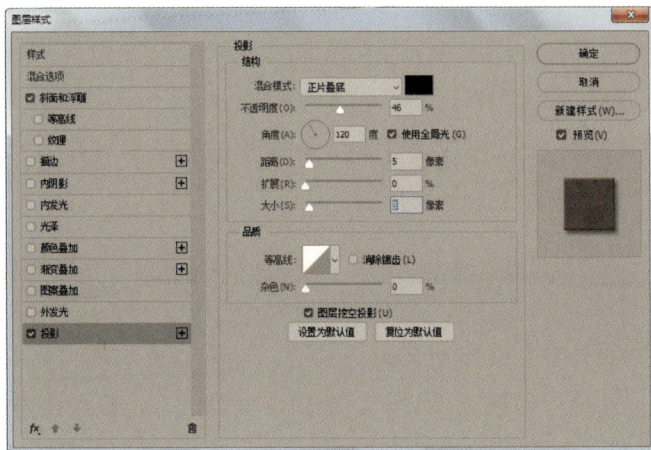

图3-68

⑨单击"确定"按钮，即可为圆角矩形图形应用图层样式，其效果如图3-69所示。

图3-69

⑩使用"圆角矩形工具"，在圆角矩形上再绘制一个圆角矩形，并在"属性"面板中修改其参数，如图3-70所示。

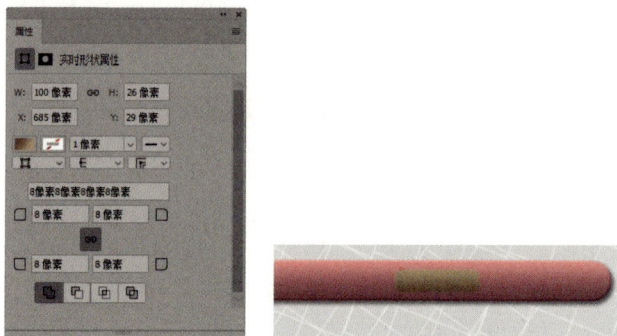

图3-70

⑪双击"圆形矩形2"图层，打开"图层样式"对话框，勾选"投影"复选框，在对应的面板中修改各参数值，如图3-71所示。单击"确定"按钮，投影效果如图3-72所示。

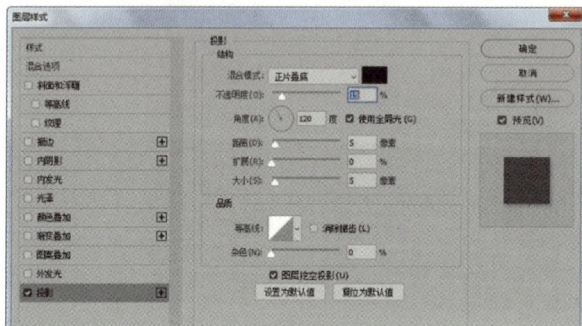

图3-71

图3-72

⑫在工具箱中选择"矩形工具"，在画面中绘制一个222像素×59像素的矩形，填充颜色保持不变，如图3-73所示。

⑬在工具箱中选择"添加锚点工具"，在矩形的底部水平直线上单击鼠标，添加一个锚点，并向下拖曳锚点至合适的位置，如图3-74所示。

图3-73

图3-74

⑭在工具箱中选择"转换点工具"，在锚点上单击，将锚点两侧的线从曲线转换成直线，其效果如图3-75所示。

⑮选择"矩形1"图层，按Ctrl+J组合键在"矩形1"图层的下方复制一个图层，并将复制的图层向下移动，如图3-76所示。

图3-75

图3-76

⑯双击复制图层，打开"图层样式"对话框，勾选"渐变叠加"复选框，在对应的面板中修改各参数值，如图3-77所示。再勾选"投影"复选框，在对应的面板中修改各参数值，如图3-78所示。

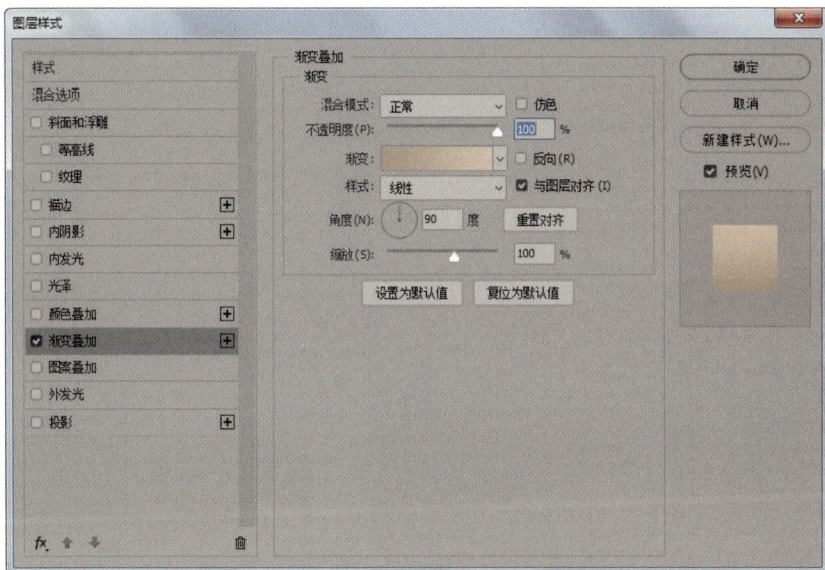

图3-77

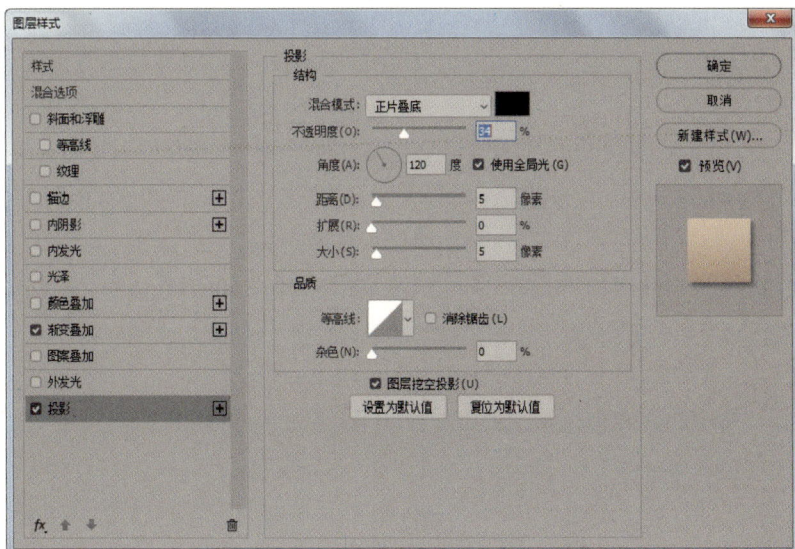

图3-78

⑰单击"确定"按钮，即可为图形应用图层样式，效果如图3-79所示。

⑱在工具箱中选择"钢笔工具"，在属性栏中修改"工具模式"为"形状"，"填充"为#744850，"描边"为无，在图形上依次单击鼠标，添加锚点，绘制一个三角形，如图3-80所示。

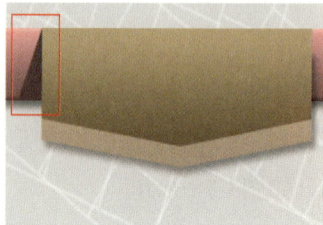

图3-79   图3-80

⑲选择用钢笔工具绘制的图形，在"属性"面板中修改"羽化"参数为"1.7像素"羽化图形，如图3-81所示。

⑳复制该三角形，并执行"编辑"→"变换"→"水平翻转"命令，水平翻转图形，将其移至右侧，如图3-82所示。

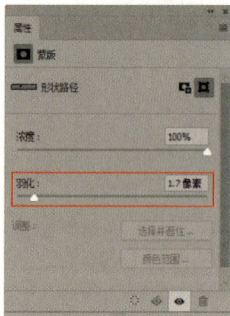
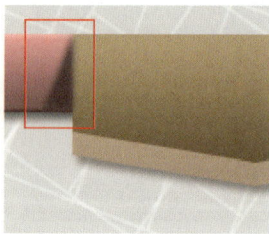

图3-81   图3-82

㉑选择"横排文字工具"，设置文字为"黑体"，文字大小为"18点"，文字颜色为白色，在图形上添加文本，如图3-83所示。

图3-83

㉒在导航条的中间继续添加文本，修改文字字体为Harrington，文字大小为"35点"，文字颜色为黑色，添加"WELCOME"（欢迎）文本，如图3-84所示。

图3-84

㉓按Ctrl+J组合键，复制"WELCOME"文本图层，选择复制的文本，执行"编

辑"→"变换"→"垂直翻转"命令，竖直翻转文本，并将文本移动至合适的位置，如图3-85所示。

图3-85

㉔选择复制的文本图层，在"图层"面板底部单击"添加图层蒙版"按钮，添加图层蒙版，设置前景色为黑色，在工具箱中选择"画笔工具"，在属性栏中修改画笔样式和大小，在图像上按住鼠标左键拖曳光标，涂抹图像，得到最终图像效果，如图3-86所示。

图3-86

典型工作环节五　设计首页海报

首页海报是电商宣传的一种形式，店铺通过首页海报将自己的产品以及产品特点以一种视觉表现形式传播给买家，而卖家可以通过首页海报的宣传对产品进行简单了解。本节将详细讲解首页海报的基础知识和制作流程。

一、边学边练

1.海报的尺寸与格式规范

在制作首页海报时，首页海报的尺寸至关重要，一般海报尺寸为950像素×400像素，但是由于现在计算机的显示器大多是宽屏的，因此大多数海报的尺寸为1920像素×500像素或1920像素×900像素，如图3-87所示。

图3-87

首页海报包含背景、文字和产品信息等元素。其中，文字一般包含主标题、副标题和附加内容3部分，而文字的字体最好不超过3种。主标题可以采用大字号，而副标题和附加内容则可以采用略小的字号。海报的颜色不能超过3种，其颜色比例为：主色占70%，辅助色占25%，点缀色占5%，可以在海报中留出一部分空白区域，使得整个海报看上去比较舒服。

2.首页海报的设计技巧

在设计首页海报的时候，要清楚海报的设计要求，才能制作出优秀的首页海报。

（1）海报色调要与主色调统一

设计首页海报时，要先观察整体环境，海报色调应尽量避免与主色调产生强烈对比，必须要用对比色设计海报时，要考虑降低纯度或明度，如图3-88所示。

图3-88

（2）根据产品亮点定背景

为了做出一张比较漂亮的图片，最好要做到背景与产品相呼应。在海报设计中，大体有两种方式。

第一，将拍摄图直接用作背景，再设计版式并配活动文案，如图3-89所示。

图3-89

第二，将产品提取出来，背景根据产品灵活变动，再搭配版式，如图3-90所示。

图3-90

（3）海报风格与页面一致

在海报制作中，海报风格与页面的统一是非常重要的，如果两者不一致，页面看起来就会不和谐，让顾客产生不适。

二、巩固训练——甜品店铺首页海报设计

实用指数：☆☆☆☆☆

技术掌握：图层样式、横排文字工具的使用方法。

①启动 Photoshop CC 2019软件，执行"文件"→"新建"命令，新建一个1920像素×600像素的文件。执行"文件"→"打开"命令，打开素材文件"背景.png"，将其拖曳到新建的文件中，如图3-91所示。

②执行"文件"→"置入嵌入对象"命令，打开"置入嵌入对象"对话框，打开"甜品盘.png"文件，稍微旋转素材，将其放到画面右侧，如图3-92所示。

图3-91

图3-92

③双击"甜品盘"图层，打开"图层样式"对话框，勾选"投影"复选框，在对应的面板中修改各参数值，如图3-93所示，单击"确定"按钮，即可应用图层样式，效果如图3-94。再次执行"文件"→"置入嵌入对象"命令，植物"咖啡.png"文件，将其移至画面右下角，如图3-95所示。

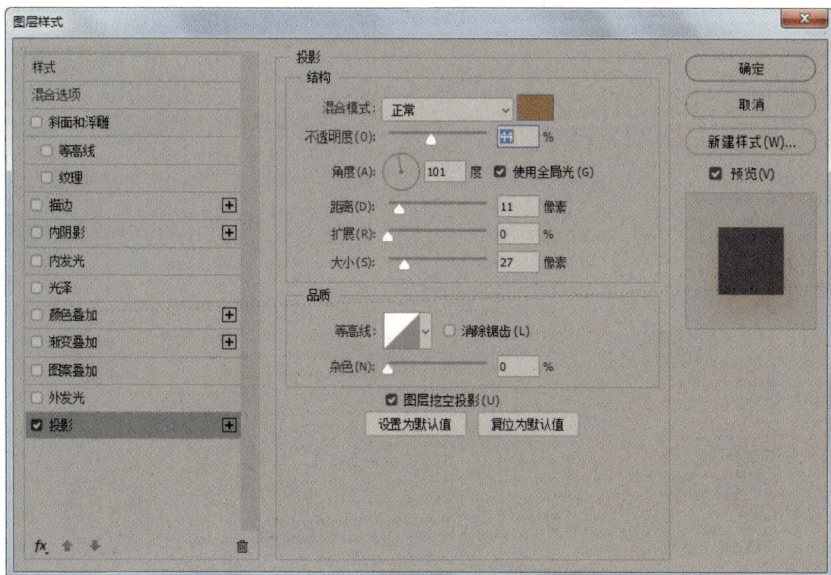
图3-93

图3-94

图3-95

④双击"咖啡"图层，打开"图层样式"对话框，勾选"投影"复选框，在对应的面板中修改各参数值，如图3-96所示。单击"确定"按钮，即可应用图层样式，其效果如图3-97所示。

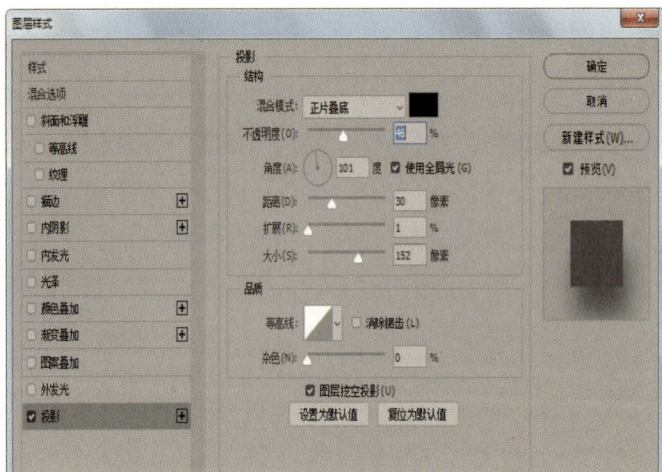

图3-96

图3-97

⑤使用同样的方法置入其他素材，并放置在合适的位置，为它们添加适当的投影效果，如图3-98所示。

图3-98

⑥执行"文件"→"打开"命令，打开"手绘框.png"素材，将其拖曳到画面左侧位置，如图3-99所示。

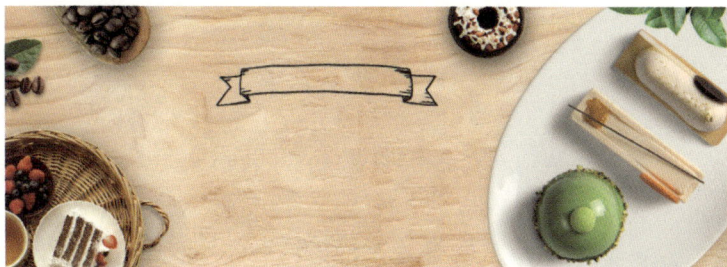

图3-99

⑦选择"横排文字工具"，设置文字为"黑体"，字体大小为"47点"，文字颜色为#413d3e，在手绘框内部添加文本，如图3-100所示。

图 3-100

⑧在下方继续添加文本，设置文字为"隶书"，文字大小为"130点"，文字颜色为浅黄色（#fffad6），如图3-101所示。

图3-101

⑨双击该文字图层，打开"图层样式"对话框，勾选"投影"复选框，在对应的面板中修改各参数值，如图3-102所示。

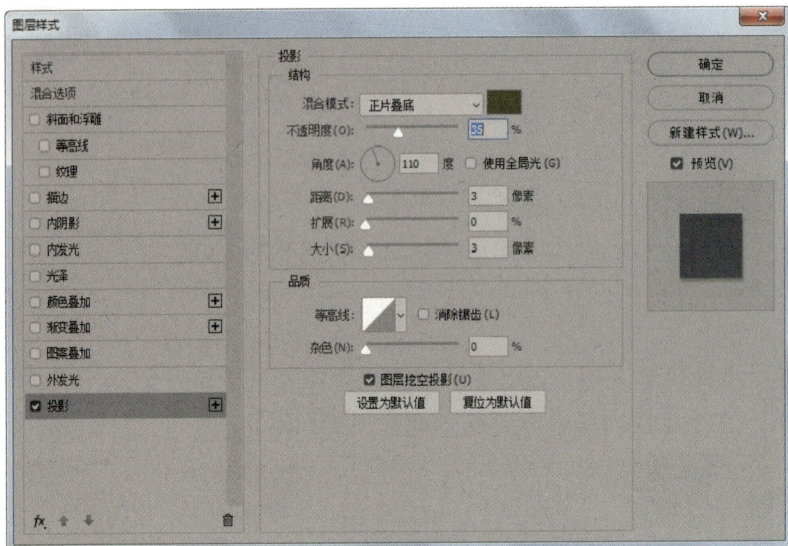

图3-102

⑩单击"确定"按钮，即可为文字应用图层样式，效果如图3-103所示。在浅黄色文字的上方再输入相同的文本，修改文字颜色为深灰色（#413d3e），并稍微向左上方移动，制作叠影效果，如图3-104所示。

图3-103

图3-104

⑪使用"钢笔工具"在文字的下方绘制图形，填充颜色为#cd3e54，复制图形，将复制的图形水平翻转并移动到合适的位置，如图3-105所示。使用"矩形工具"绘制矩形，填充颜色为#fb5770，制作横幅效果，如图3-106所示。

图3-105

图3-106

⑫最后在横幅上添加文字，设置文字为"隶书"，文字大小为"48点"，文字颜色为#fefdf8，如图3-107所示。

图3-107

⑬双击新添加的文字图层，打开"图层样式"对话框，勾选"投影"复选框，在对应的面板中修改各参数值，如图3-108所示。

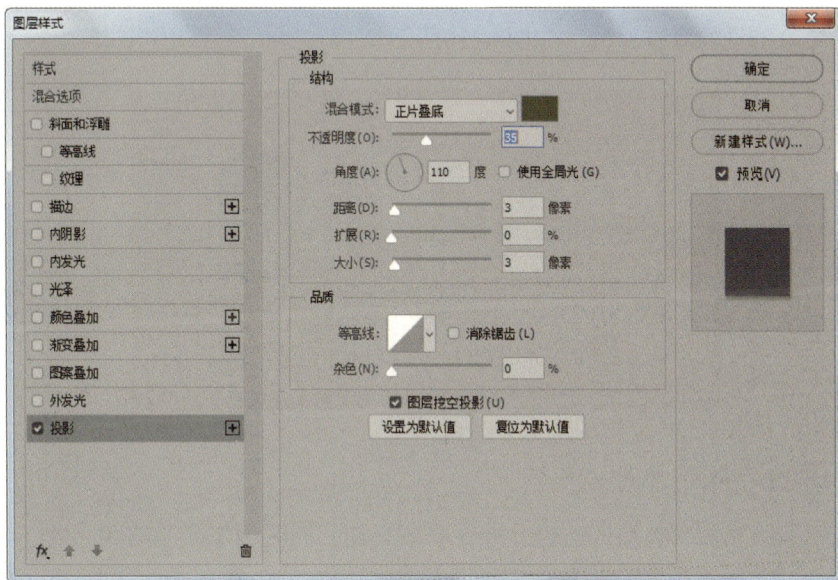

图3-108

⑭单击"确定"按钮，即可为文字应用图层样式，最终海报效果如图3-109所示。

图3-109

典型工作环节六 设计辅助板块

在电商店铺设计中不仅需要对店铺首页进行设计，还需要对店铺中的收藏区、客服区和页尾等板块进行设计。这些区域也是顾客进入店铺后容易被吸引的区域，其效果的好与坏能够直接影响店铺的点击率和商品销量。本节将详细讲解辅助板块的设计知识。

一、边学边练

1.收藏区设计

店铺收藏区通常由简单的文字和广告语组成，一般情况下内容较为单一，而有的商家为了吸引顾客的注意，也会将一些宝贝图片、素材图片等添加到其中，达到推销商品和提高收藏量的双重目的，如图3-110所示。

图3-110

收藏区的作用有以下两个：

①将商品照片融入收藏区，提升顾客收藏兴趣，同时增加商品的曝光度。

②把众多的优惠信息添加到收藏区中，提升顾客的收藏兴趣，表现出商家的优惠力度。

2.客服区设计

电商店铺中的客服与实体店中的售货员有着相同的作用，可以为顾客提供帮助。如何让顾客在电商店铺中快速地寻找到客服并进行询问，是客服区摆放和设计的关键。一般情况下，电商店铺的客服区与商品分类区相邻，而随着电商店铺装修水平的不断提升，越来越多的商家将客服区放在了店铺的中间或底部位置，因为当顾客浏览到一定程度时，客服区的及时显示会增加顾客询问的概率，从而提高网店的销售量。图3-111为带客服区的店铺详情页效果。

图3-111

客服区主要作用如下：

①塑造店铺形象：客服是店铺形象的第一窗口。

②提高成交率：客服能够随时在线回复客户的疑问，可以让客户及时了解需要的内容，从而促成交易。

③提高客户回购率：顾客会比较倾向于选择他所熟悉和了解的卖家，客服能与顾客建立良好的信任关系，从而提高了顾客再次购买率。

3.店铺页尾设计

电商店铺的页尾在店铺首页末尾处，该部分的内容包含店铺信用评价、退换货规则、运输方式等信息，因此卖家在装修时也不能忽略页尾，这一区域关系着卖家的售后和诚信问题，同样非常重要。

在制作店铺首页时，为了让店铺页面的结构更加完整，页尾模块相对内容较少。页尾能够为店铺起到良好的分流作用，在制作时需要符合店铺的风格和主题，色彩一致。可以添加温馨提示、正品保证，以及商品购物流程等内容，如图3-112所示。

图3-112

二、巩固训练——制作收藏按钮

实用指数：☆☆☆☆☆

技术掌握：椭圆工具、横排文字工具、图层样式的使用方法。

①启动Photoshop CC 2019软件，执行"文件"→"新建"命令，新建一个800像素×800像素的文件，设置背景颜色为#a75fef，如图3-113所示。选择工具箱中的"椭圆工具"，在属性栏中设置"填充"为#55099f，"描边"为无，在按住Shift键的同时按住鼠标左键拖曳鼠标，在画面中绘制圆形，如图3-114所示。

图3-113

图3-114

②双击该圆形图层，打开"图层样式"对话框，勾选"渐变叠加"复选框，单击"渐变"右侧的颜色条，弹出"渐变编辑器"对话框，设置渐变颜色，如图3-115所示。单击"确定"按钮，返回"图层样式"对话框，如图3-116所示。

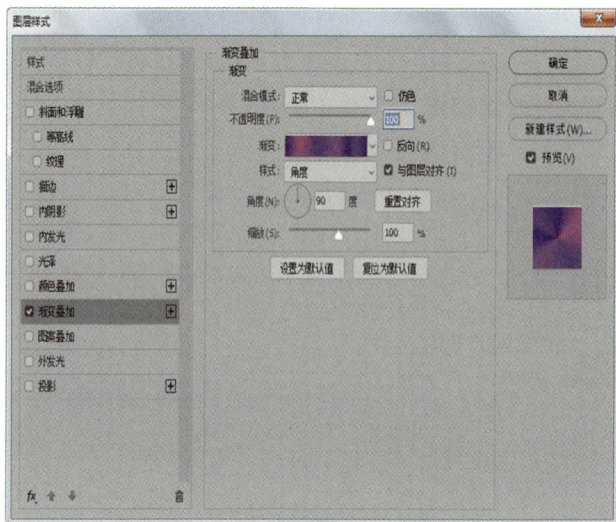

图3-115

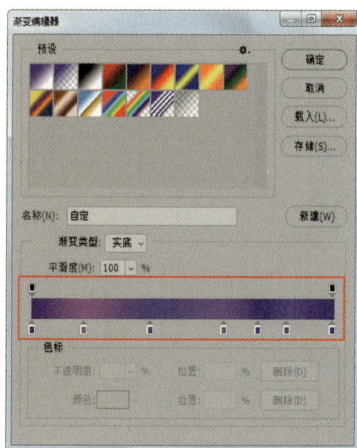

图3-116

③勾选"投影"复选框，在对应的面板中修改各参数值，如图3-117所示。单击"确定"按钮，即可应用图层样式，其效果如图3-118所示。

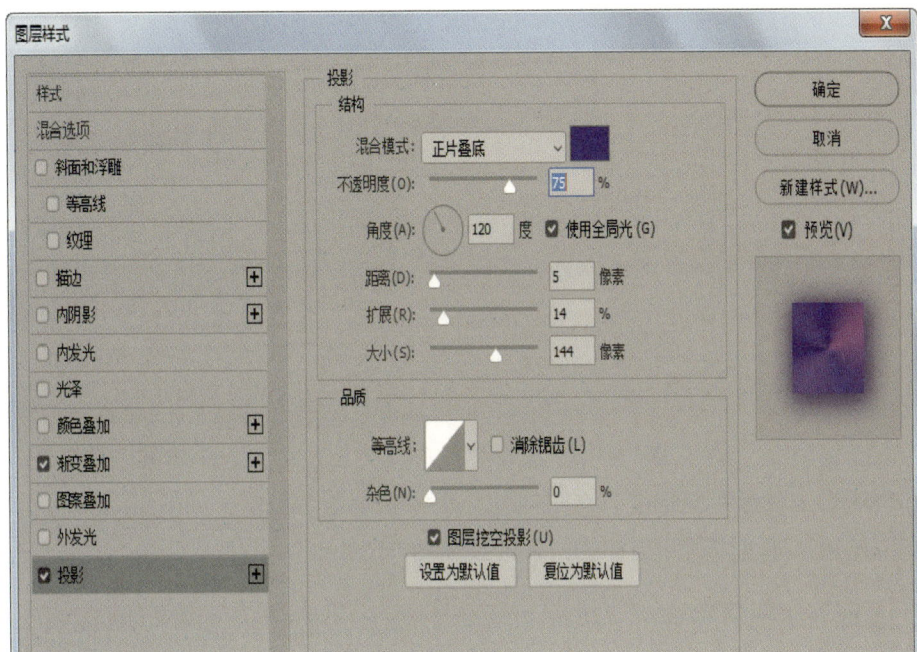

图3-117

④选中"椭圆1"图层，按Ctrl+J组合键复制该图层，并选中复制的图层，再按Ctrl+T组合键，调整圆形大小，如图3-119所示，再按Enter确认。

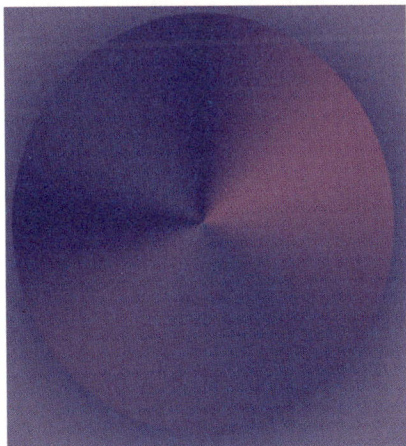

图3-118

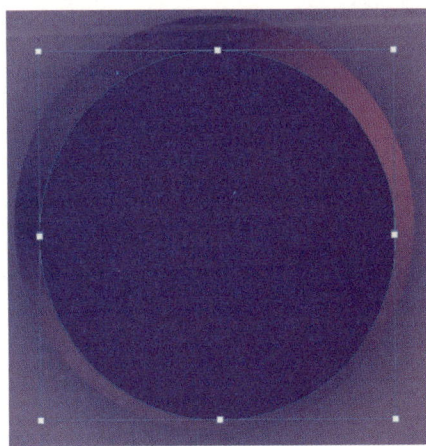

图3-119

⑤双击复制的图层，打开"图层样式"对话框，勾选"渐变叠加"复选框，单击"渐变"右侧颜色条，弹出"渐变编辑器"对话框，设置渐变颜色，如图3-120所示。

单击"确定"按钮,返回"图层样式"对话框,如图3-121所示。

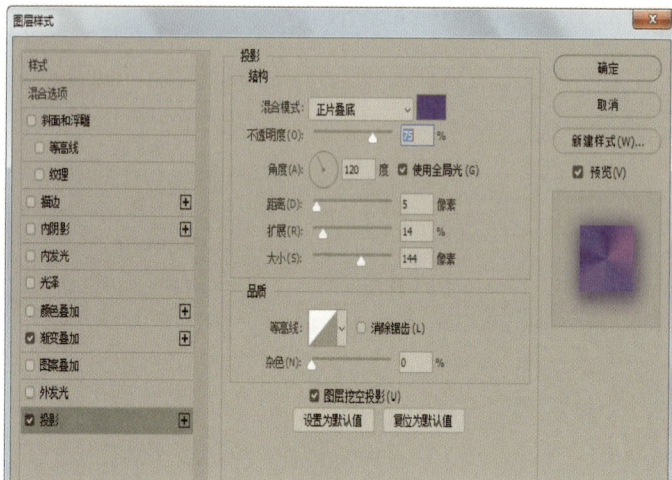

图3-120

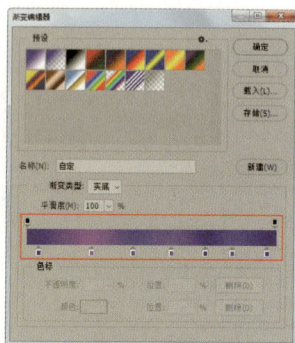

图3-121

⑥再勾选"投影"复选框,在对应的面板中修改各参数值,如图3-122所示。单击"确定"按钮,即可应用图层样式,其效果如图3-123所示。

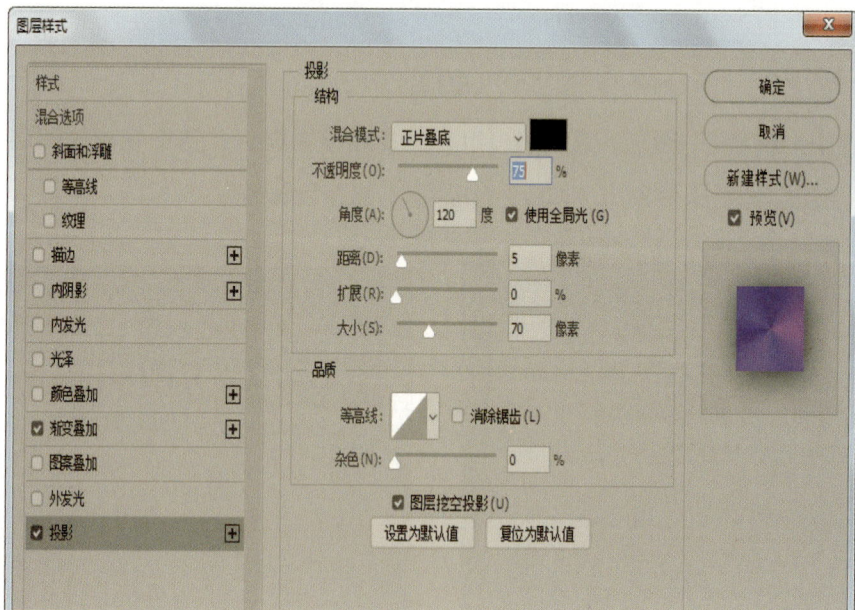

图3-122

⑦选择工具箱中的"椭圆工具",在属性栏中设置"填充"为无,描边为白色,描边宽度为1像素,在画面中绘制圆形边框,如图3-124所示。

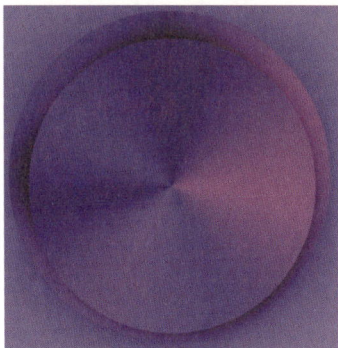
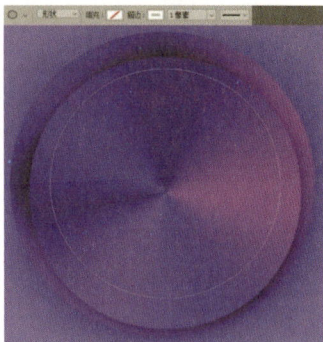

图3-123　　　　　　　　　　　　　　图3-124

⑧选择该边框图层。单击右键，在弹出的快捷菜单中选择"栅格化图层"选项，将图层栅格化。然后单击"图层"面板底部的"添加图层蒙版"按钮，选中图层蒙版，再用黑色画笔在画面中的圆形边框上适当涂抹，制作金属光泽效果，如图3-125所示。

执行"文件"→"置入嵌入对象"命令，打开"置入嵌入的对象"对话框，打开"横幅.png"文件，将其移动到合适的位置，如图3-126所示。

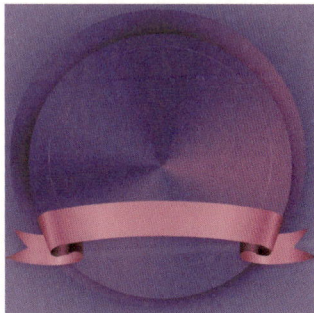

图3-125　　　　　　　　　　　　　　图3-126

⑨选择工具箱中的"横排文字工具"，设置文字为"方正姚体"，文字颜色为白色，在横幅和圆形中分别输入文本，对文字进行旋转和变形操作，如图3-127所示。在文字上方输入英文"COLLECTION"（收藏）设置文字字体为Britannic Bold，稍微对文字进行旋转调整，如图3-128所示。最后置入"金币.png"素材文件，放置在画面中，最终效果如图3-129所示。

图3-127　　　　　　　图3-128　　　　　　　图3-129

本章详细介绍了使用Photoshop设计店铺首页的方法，包括设计店招、首页海报、导航条、辅助板块等，可以快速掌握设计店铺首页的方法。

课堂思考

1. 店铺首页包含哪些内容？

2. 首页主要元素摆放位置有哪些？

3. 店招的分类和设计要点有哪些？

4. 导航条的设计要求有哪些？

5. 首页海报的设计技巧有哪些？

课后训练

1. 制作早餐食品店铺首页海报

实用指数：☆☆☆☆☆

技术掌握：矩形工具和图层样式的使用方法。

本习题主要练习矩形工具和图层样式的使用，置入多个素材并添加投影效果，制作一个美味早餐食品店铺的首页海报。最终画面效果如图3-130所示。

图3-130

步骤如图3-131所示。

图3-131

2.制作清新店招

实用指数：☆ ☆ ☆ ☆ ☆

技术掌握：矩形工具和横排文字工具的使用方法。

本习题主要练习矩形工具和横排文字工具的使用，制作主色为绿色的清新店招。最终效果如图3-132所示。

图3-132

步骤如图3-133所示。

图3-133

● 评价反馈

表 3-1　活动过程评价小组自评表

组名		日期	年　月　日
评价指标	评价要素	分数	分数评定
信息检索	能有效利用网络、工作手册查找有用信息；能用自己的语言有条理地解释所学知识；能将查找的信息有效转换到工作中	10	
感知工作	是否熟悉各自的工作内容，在工作中是否获得满足感	10	
参与状态	探究学习、自主学习不流于形式；与教师、同学之间是否相互尊重，保持有效的信息交流；处理好独立思考和合作学习之间的关系，做到有效学习	20	
学习方法	工作计划、操作技能是否符合要求；是否获得了进一步发展能力	10	
工作过程	操作合规；出勤情况；每天完成任务的情况；善于多角度思考问题	15	
思维状态	能否发现问题、提出问题、分析问题、解决问题、创新问题	10	
自评反馈	按时按质完成工作任务；较好掌握了专业知识点；具有较强的信息分析能力和理解能力	25	
自评分数			
有益的经验和做法			
总结反思建议			

表 3-2　活动过程评价小组互评表

组名		日期	年　　月　　日
评价指标	评价要素	分数	分数评定
信息检索	该组能否有效利用网络、工作手册查找有用信息；能否用自己的语言有条理地解释所学知识；能否将查找的信息有效转换到工作中	15	
感知工作	该组是否熟悉各自的工作内容，在工作中是否获得满足感	10	
参与状态	该组与教师、同学之间是否相互尊重，保持有效的信息交流；是否处理好独立思考和合作学习之间的关系，做到有效学习	25	
学习方法	该组工作计划、操作技能是否符合要求；是否获得了进一步发展能力	10	
工作过程	该组是否操作合规；出勤情况；每天完成任务的情况；善于多角度思考问题	25	
思维状态	该组能否发现问题、提出问题、分析问题、解决问题、创新问题	5	
互评反馈	该组能严肃认真地对待自评	10	
互评分数			
简要评述			

表3-3　教师评价表

组名和成员				
出勤情况				
评价指标	评价内容	评价标准	分值	分数
接受任务 任务描述	口述任务内容细节	表述仪态自然、吐字清晰； 表述思路层次分明、准确	10	
任务分析 分组情况	任务分析落实分组和任务分工	分组是否顺利、明确； 涉及理论知识回顾完整	20	
计划实施	任务实施中的学习、讨论和完成全过程	独立思考和小组学习结合； 尊重、友好氛围完成讨论； 顺利完成任务	55	
总结	任务总结	依据作品、自评和互评	15	
合计分数				

项目四
设计宝贝详情页

典型工作环节一　分析任务

一、任务内容

打开一个口碑和销量都不错的网店，选定3种商品，通过分析各自的宝贝详情页的布局、包含的模块、有哪些设计技巧，具体总结宝贝详情页的设计要点。

二、学习目标

1.了解宝贝详情页的分类；

2.清楚宝贝详情页的布局；

3.熟悉宝贝详情页的设计技巧；

4.能够对不同类型的宝贝详情页进行分析；

5.熟练掌握Photoshop相关技巧对详情页进行设计和制作。

三、任务分组

学生任务分配表

班级		组号	
组长		指导教师	
组员			
任务分工			

四、任务引导

1.小组共同商议选定一个网店；

2. 选定网店中3种商品；

3.探讨每种商品详情页的布局；

4.探讨每种商品详情页的设计技巧；

5.探讨每种商品详情页的优缺点；

6.对比分析宝贝详情页的设计。

典型工作环节二 识别宝贝详情页

宝贝详情页是展示商品信息的页面。一般情况下，顾客最想要浏览的不是首页，而是宝贝详情页，它直接决定了店铺是否能留住客户，促成交易。对于大多数电商店铺来说，宝贝详情页是核心部分，详情信息是关键。

一、边学边练

（一）详情页布局

在设计宝贝详情页时，颜色和布局的选择都很重要。店铺详情页中专题活动目的和侧重点不同，采用的页面布局也会有差异。详情页的布局有圆形扩散式、方块式和三角式等，下面将分别进行详细介绍。

（1）圆形扩散式

圆形扩散式是指主体内容放在正中心，分内容围绕在主体四周，使得整体大致形成一个圆形。该形式的布局适合某一系列或有针对性的专题活动，能够突出重点，从而吸引买家。该形式的布局在分类页面中同样适用，也可以用于爆款推荐，如图4-1所示。

（2）方块式

方块式布局是指同级内容按照矩形排列，该形式的布局具有通用性，对于各种活动都适用，而且布局简约，排版较为整齐，比较容易操作，不需要特地用专业的美工进行布局，如图4-2所示。

图4-1

图4-2

（3）三角式

三角式是指主体内容在最上方，按照内容的重要程度，依次往下排列。三角式布局是层次型，适合专题活动。该布局通过先突出重点再层层深入的策略，抓住买家的心理需求，从而将买家的注意力慢慢引到商品上，如图4-3所示。

图4-3

（二）详情页类型

每个顾客在购买一件商品时，首要想了解的是商品的功能，其次就是考虑商品的附加价值、服务等。因此，要想设计出能够展现商品价值的优秀详情页，需要清楚了解详情页的各个类型，下面将分别进行介绍。

111

（1）功能型宝贝详情页

该类型的详情页主要用于介绍商品的功能。如制作衣服详情页时，可以主要介绍衣服的洗涤方法、保暖效果、质料或搭配等，如图4-4所示。

（2）符号型宝贝详情页

该类型详情页主要介绍商品的形状符号等信息。如在制作鲜花产品详情页时，可以突出鲜花的花语，从而体现出商品的独特之处，如图4-5所示。

图4-4

图4-5

（3）感觉型宝贝详情页

该类型详情页给顾客带来一种身临其境的感觉。如商品是沙滩长裙，则可以在制作详情页时，给顾客一种海边度假的感觉，吸引买家购买，如图4-6所示。

图4-6

（4）附加价值型宝贝详情页

该类型详情页专门为产品提供各种附加价值，其内容包含老顾客的专属服务通道，以及专属的优惠价，新顾客也有相应的礼品，通过附加价值提高店铺销量、顾客黏性。

（5）服务型宝贝详情页

该类型详情页添加了各种服务，包含保修费用全免、赠送退货运费险等各种有保障的售后服务，虽然这些服务不计入商品价值，但是这些服务却深受顾客喜爱，如图4-7所示。

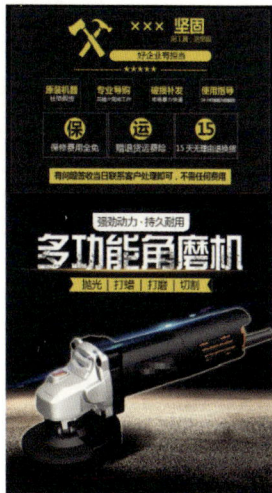

图4-7

二、巩固训练——制作毛绒玩具详情页

实用指数：☆☆☆☆☆

技术掌握：矩形工具、椭圆工具、图层样式的使用方法。

①启动Photoshop CC 2019软件，执行"文件"→"新建"命令，新建一个790像素×1707像素的文件，如图4-8所示。

②选择工具箱中的"矩形工具"，在属性栏中设置"填充"为#ffa8ba，"描边"为无，在画面最上方绘制矩形，如图4-9所示。

③选择工具箱中的"矩形工具"，在属性栏中设置"填充"为无，描边为#f f5477，描边宽度为"21.71点"，在画面上方绘制圆形边框，如图4-10所示。

图4-8

图4-9

图4-10

④选中"椭圆1"图层，按Ctrl+J组合键复制图层，选中复制的图层，修改圆形边框的"描边"为#63dada，描边宽度为"14.2点"，并按Ctrl+T组合键，将圆形边框缩小，如图4-11所示。

⑤再次复制"椭圆1"图层，并修改复制的圆形"填充"为#8c97eb，"描边"为无，再分别调整两个圆形边框的图层不透明度为74%和56%，效果如图4-12所示。

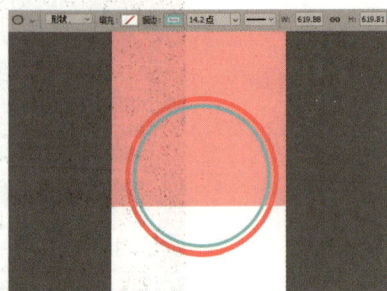
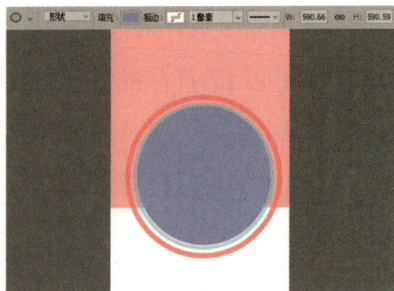

图4-11 图4-12

⑥按Ctrl+O组合键,打开"七彩毛毛虫1.jpg"素材,将其拖曳到圆形的位置,如图4-13所示。

⑦选中"七彩毛毛虫1"图层,单击右键,在弹出的快捷菜单中选择"创建剪贴蒙版"选项,在图形图层和素材图层之间创建剪贴蒙版,如图4-14所示。

图4-13 图4-14

⑧按Ctrl+O组合键,打开"头部特写.png"素材,将其拖曳到画面中,与圆形里的毛毛虫头部重合,制作钻出圆形的效果,如图4-15所示。依次打开"白云1.png""白云2.png""白云3.png""白云4.png"素材,拖曳至画面上方,调整至合适的位置,如图4-16所示。

图4-15 图4-16

⑨选择工具箱中的"矩形工具",在属性栏中设置"填充"为#ff3a64,"描边"为无,在画面右上方绘制一个矩形,如图4-17所示。选择工具箱中的"横排文字工具",设置字体为"黑体",在矩形中输入"多种色彩随意选择",其中"多种色彩"文本颜色为白色,"随意选择"文本颜色为黄色,如图4-18所示。

图4-17

图4-18

⑩继续使用"横排文字工具"，在圆形上方输入"七彩毛毛虫"文本，调整"七彩"文本文字大小为96点，"毛毛虫"文本文字大小为82点，如图4-19所示。双击"七彩毛毛虫"文字图层，弹出"图层样式"对话框，勾选"投影"复选框，在对应的面板中修改各参数值，如图4-20所示。

图4-19

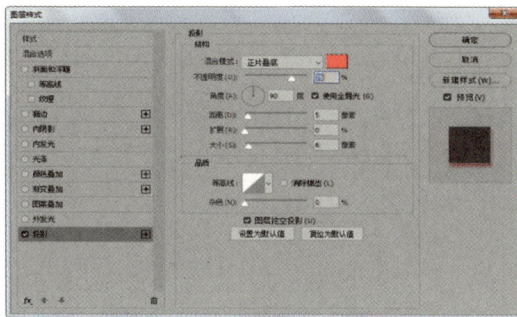

图4-20

⑪单击"确定"按钮，即可为文字应用图层样式，如图4-21所示。按Ctrl+O组合键，打开"白色波浪.png"素材，将该素材图层移至"矩形1"图层上方，其他图层的下方，效果如图4-22所示。

图4-21

图4-22

⑫选择"横排文字工具"，设置字体为Lithos Pro，文字大小为"55.61点"，文字颜色为#fe5577，在圆形下方空白处输入英文文本"CATERPILLAR DOLL"，调整该文字图层的"不透明度"为50%，如图4-23所示。

使用"圆角矩形工具"，在英文字的下方绘制圆角矩形，并在圆角矩形的内部和下方输入文本，上方文本设置为白色，下方文本设置为黑色，并适当调整大小，如图4-24所示。

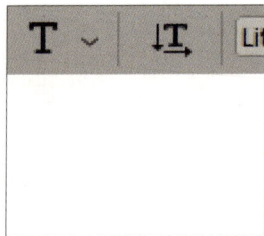

| 图4-23 | 图4-24 |

⑬使用"圆角矩形工具"，在画面左下角位置绘制一个白色的圆角矩形，为了方便查看，先隐藏"背景"图层，如图4-25所示。

显示"背景"图层，双击"圆角矩形2"图层，弹出"图层样式"对话框，勾选"描边"复选框，在对应的面板中修改各参数值，如图4-26所示。

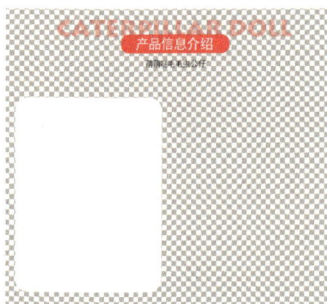
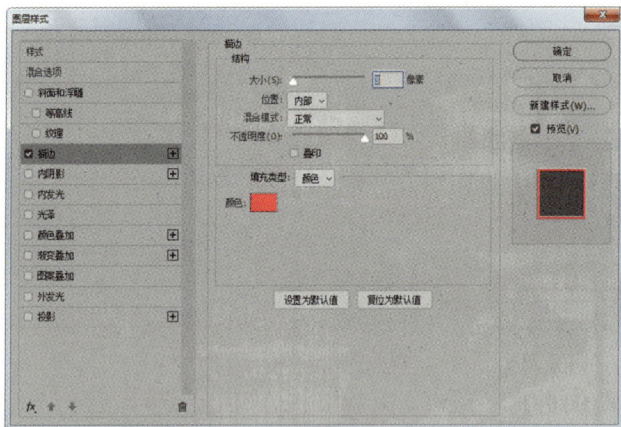

| 图4-25 | 图4-26 |

⑭单击"确定"按钮，即为圆角矩形应用图层样式，如图4-27所示。

按Ctrl+O组合键，打开"七彩毛毛虫2.jpg"素材，将其拖曳到圆角矩形的位置，并将该素材图层移至"圆角矩形2"图层上方，为其创建剪贴蒙版，如图4-28所示。

| 图4-27 | 图4-28 |

⑮再次使用"圆角矩形工具"，在右侧上方空白处绘制圆角矩形，修改"填充"为#fef1f5，"描边"为无，如图4-29所示。在该圆角矩形内部输入产品信息，如图4-30所示。

图4-29　　　　　　　　　　　　　　图4-30

⑯选择工具箱中的"椭圆工具"，在属性栏中设置"填充"为#7c7c7c，描边为#ffa2b5，描边宽度为"2点"，在下方左侧的空白处绘制圆形，如图4-31所示。

⑰按Ctrl+J组合键3次，复制"椭圆3"图层3次，并将复制的图形水平排列整齐，如图4-32所示。

图4-31　　　　　　　　　　　　　　图4-32

⑱按Ctrl+O组合键，打开"七彩毛毛虫3.jpg"素材，如图4-33所示。将素材拖曳至画面中，将素材图层移至"椭圆3"图层的上方，如图4-34所示。

图4-33　　　　　　　　　　　　　　图4-34

⑲选中素材图层，单击右键，在弹出的快捷菜单中选择"创建剪贴蒙版"选项，在素材图层和"椭圆3"图层之间创建剪贴蒙版，如图4-35所示。使用同样的方法在其他复制的图形图层上方添加素材图层，将毛毛虫玩具其他的部位分别移至不同圆形的位置，并为素材图层创建剪贴蒙版，如图4-36所示。

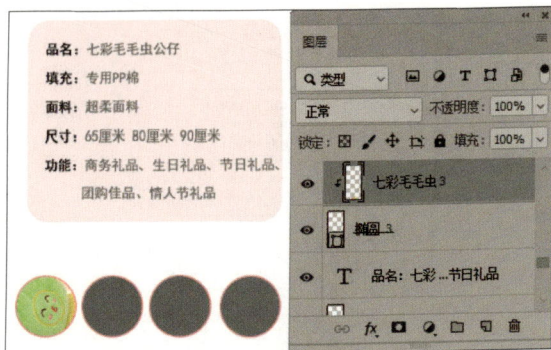

图4-35

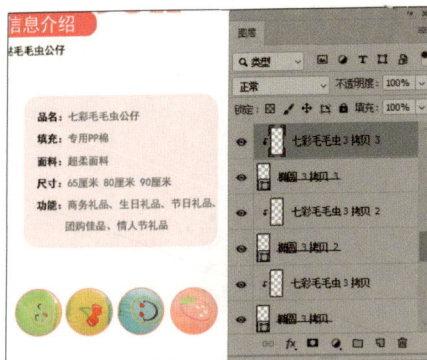

图4-36

⑳在圆形的上方和下方分别输入文本，设置字体为"幼圆"，文字颜色为#fe5577，如图4-37所示。

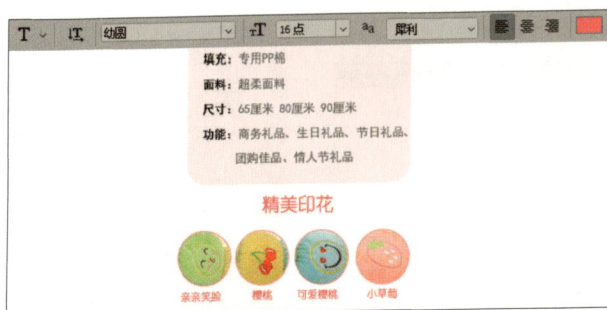

图4-37

㉑毛绒玩具详情页制作完成，最终效果如图4-38所示。

图4-38

典型工作环节三　设计宝贝详情页

详情页的作用是对电商店铺中销售的单个商品进行介绍，在设计过程中需要注意很多规范，以求用最佳的图片和文字来展示商品的特点，本节将对详情页模块进行分析并介绍一些详情页设计技巧。

一、边学边练

（一）详情页模块分析

详情页由商品橱窗照、产品基本属性、宝贝详情、产品效果展示、细节展示、质保信息及物流与包装等模块组成，下面对详情页的结构进行讲解。

（1）商品橱窗照

商品橱窗照位于宝贝详情页面的顶端位置，基本的尺寸要求是310像素×310像素，如果宽度和高度大于800像素，那么顾客在查看图片时，可以使用放大镜功能进行查看。在设计橱窗照的过程中，需要将商品清晰、完整地展示出来，如图4-39所示。

（2）产品基本属性区

详情页上部右侧的区域是产品的基本属性区域，其内容包含产品的名称、价格、优惠信息、配送信息、颜色分类和尺寸等，如图4-40所示。

图4-39

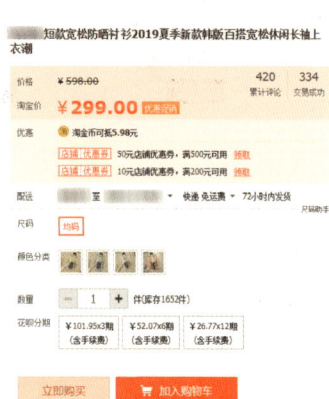

图4-40

（3）宝贝详情区

宝贝详情区域用于展示商品的使用方法、材质、尺寸、细节等方面的内容。有的店家为了拉动店铺内其他商品的销售，或提升店铺的品牌形象，还会在宝贝详情中添加搭配套餐、公司简介等信息，以此来树立商品的形象，提升顾客的购买欲望，如图4-41所示。

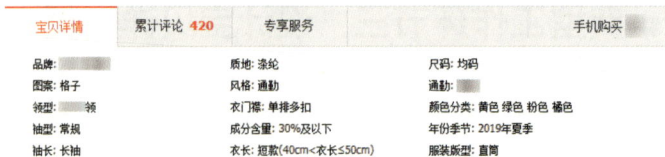

宝贝详情	累计评论 420	专享服务		手机购买

品牌:	质地: 涤纶	尺码: 均码
图案: 格子	风格: 通勤	通勤
领型: ████领	衣门襟: 单排多扣	颜色分类: 黄色 绿色 粉色 橘色
袖型: 常规	成分含量: 30%及以下	年份季节: 2019年夏季
袖长: 长袖	衣长: 短款(40cm<衣长≤50cm)	服装版型: 直筒

图4-41

（4）产品效果展示区

在产品效果展示区域中，可以展示产品的各种颜色或从多个角度展示产品效果，让顾客对产品一目了然。产品展示区域是浏览量最大的区域，该区域的设计会影响店铺的销售，展示效果好的商品销售量也较高，如图4-42所示。

（5）细节展示区

产品细节的展示能让顾客直观地了解商品的材质、形状、纹理等信息。局部区域的重点展示能够突出商品的特点，加深顾客对产品的了解，如图4-43所示。

图4-42

图4-43

（6）质保信息区

在展示完产品之后，需要加入保障信息，进一步提升顾客对店铺产品的信心和信赖感。

（7）物流及包装区

电商店铺的产品传递是通过物流来实现的，产品的包装也是物流过程中的一个重要环节，好的包装和物流会提升店铺的服务品质。该展示区域可以增强店铺运营的专业程度。

（二）详情页设计技巧

在进行宝贝详情页面设计的过程中，会遇到商品展示方面的问题。

（1）商品图片的展示类型

用户购买商品最主要看的就是宝贝展示的部分，在这里需要让顾客对商品有一个直观的感受。通常这部分是以图片的形式来展现的，分为摆拍图和场景图两种类型。

场景图能够在展示商品的同时，在一定程度上烘托商品的氛围，如图4-44所示，通常需要较高的成本和一定的拍摄技巧。但如果场景引入运用得不好，反而会分散顾客观看主题商品的注意力。

摆拍图能够更为直观地展现商品，画面的基本要求就是能够把商品如实地展现出来，平实无华，实拍的图片通常需要突出主体，用纯色背景显得干净、简洁、清晰，如图4-45所示。

图4-44

图4-45

（2）商品细节的展示

在宝贝详情页面中，通过对商品的细节进行展示，能够让商品在顾客的脑海中形成大致的形象。细节的展示可以通过多种表现方法来进行。

可以将商品重点部位的细节放大，让顾客直观地了解商品的材质、形状、纹理等信息，这样设计会突显出商品的主要特点，如图4-46所示。也可以通过图解的方式表现出商品的一些元素含量，利用简短的文字说明恰到好处地告知顾客这些信息，准确地展示商品的特点，如图4-47所示。

图4-46

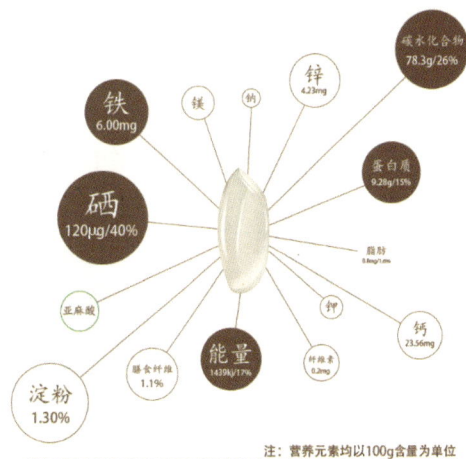

图4-47

（3）商品尺寸展示

细节的展示并不能完全地反映出商品的真实情况，还需要展示商品的具体尺寸，让顾客可以进行参考。经常有顾客购买商品后要求退货，其中很大一部分原因就是和预期的效果有差距，而顾客对商品的印象就是细节展示图给予顾客的，所以需要加入商品尺寸展示区域，让顾客对商品有正确的预估。

用文字的方式进行阐述可以详细说明商品的材质、厚度等信息，全面地展示商品的规格和质感，如图4-48所示。而以图解的方式表现商品的尺寸，可以让顾客更加直观地了解商品的规格信息，如图4-49所示。

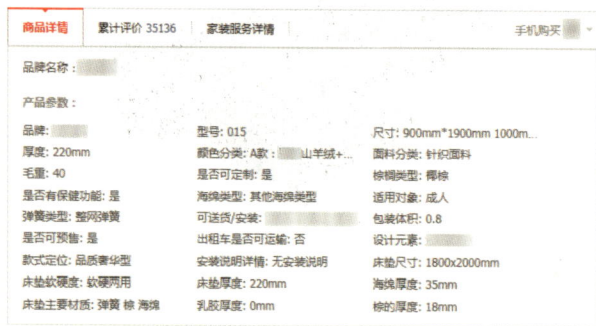

图4-48

图4-49

二、巩固训练——制作曲奇详情页

实用指数：☆☆☆☆☆

技术掌握：钢笔工具、椭圆工具、自定形状工具、图层样式的使用方法。

①启动Photoshop CC 2019软件，执行"文件"→"新建"命令，新建1个790像素×1913像素的文件，如图4-50所示。

②按Ctrl+O组合键，打开"曲奇1.png"素材，将其拖曳到画面左上角位置，如图4-51所示。

图4-50

图4-51

选择工具箱中的"椭圆工具"，在属性栏中设置"填充"为无，"描边"为 #d2d2d2，描边宽度为"10.73像素"，在曲奇素材黄色边框内再绘制一个边框，如图 4-52所示。

图4-52

③绘制圆形边框后生成"椭圆1"图层，选中"椭圆 1"图层，在"图层"画板中设置该图层的"不透明度"为 59%，效果如图4-53所示。

继续选择"椭圆工具"，设置"填充"为#ffce59，描 边为#ffbd1e，描边宽度为"11.89点"，在曲奇素材的右侧 绘制一个较小的圆形，如图4-54所示。

图4-53

图4-54

④绘制小圆形后生成"椭圆2"图层。选中"椭圆2"图层，按Ctrl+J组合键两次，复制"椭圆2"图层两次，将复制的圆形移至合适的位置，如图4-55所示。

按Ctrl+O组合键，打开"曲奇2.png"和"曲奇3.png"素材，将它们拖曳到画面空白处，如图4-56所示。

按Ctrl+J组合键两次，复制"椭圆1"图层两次，将复制的图形边框分别移至"曲奇2.png"和"曲奇3.png"素材的圆形框内，如图4-57所示。

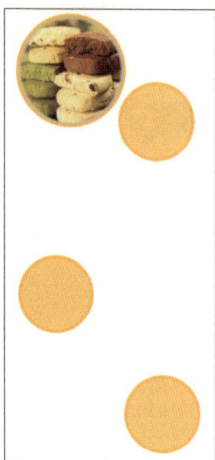  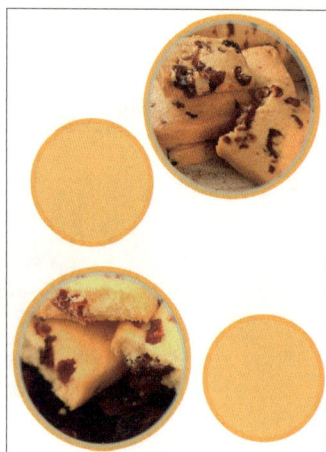

图4-55   图4-56   图4-57

⑤选择工具箱中的"钢笔工具",在属性栏中设置工具模式为"形状","填充"为无,"描边"为#484848,描边宽度为"1像素",描边类型为虚线,在最上方的两个圆形之间绘制曲线,调整图层位置,效果如图4-58所示。

继续选择"钢笔工具",修改描边宽度为"2像素",其他参数保持不变,在右侧圆形与下方圆形之间绘制曲线,如图4-59所示。

图4-58   图4-59

⑥在其他图形之间继续绘制曲线,效果如图4-60所示。

选择工具箱中的"横排文字工具",设置字体为"隶书",文字大小为"42.45点",在最上方右侧的圆形中输入"饼干蔓越莓香甜"文本,其中"蔓越莓"文本文字颜色为#ff7800,"饼干香甜"文本文字颜色为#484848,如图4-61所示。

在下方连续输入"-",制作虚线,并输入介绍的内容,字体为"幼圆",如图4-62所示。

图4-60　　　　　　　　　　图4-61　　　　　　　　　　图4-62

⑦在圆形内页输入相同的文本，如图4-63所示。

接着在画面最上方输入英文"cookies"（饼干），设置字体为Broadway，文字大小为"51.21点"，文字颜色为#fad022，如图4-64所示。

图4-63　　　　　　　　　　　　　　图4-64

⑧修改字体为"隶书"，文字大小为"85.87点"，文字颜色为#484848，在英文下方输入"不一样的曲奇"，如图4-65所示。

修改字体为"幼圆"，文字大小为"20.21点"，文字颜色为#484848，在下方继续输入文本，如图4-66所示。

图4-65　　　　　　　　　　　　　　图4-66

⑨选择工具箱中的"自定形状工具"，在属性栏中设置"填充"为#fad022，"描边"为无，"形状"为"会话1"，在英文字的右侧绘制图形，如图4-67所示。

图4-67

⑩双击新生成的"形状1"图层，弹出"图层样式"对话框，勾选"斜面和浮雕"复选框，在对应面板中修改各参数值，如图4-68所示。单击"确定"按钮，即可为该图层应用图层样式，如图4-69所示。

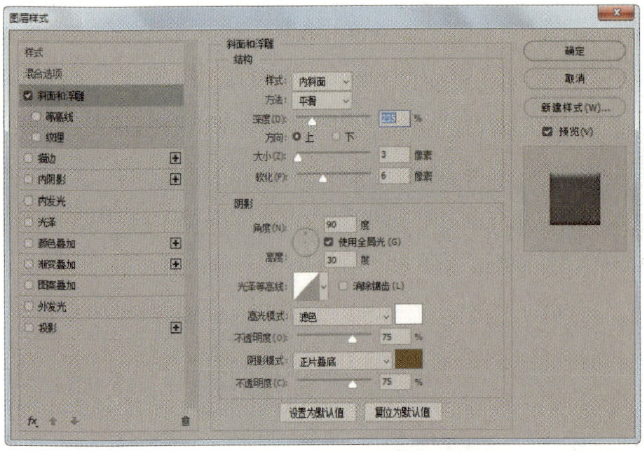

图4-68

图4-69

⑪选择"横排文字工具"，设置字体为"隶书"，文字大小为"36.94点"，文字颜色为白色，在图形中输入"香"，如图4-70所示。

双击"香"文本图层，弹出"图层样式"对话框，勾选"斜面和浮雕"复选框，在对应的面板中修改各参数值，如图4-71所示。

图4-70

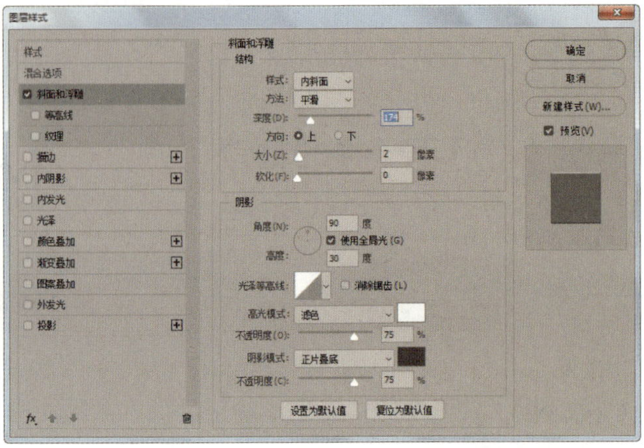

图4-71

⑫再分别勾选"描边"和"投影"复选框，在对应的面板中修改各参数值，如图4-72和图4-73所示。

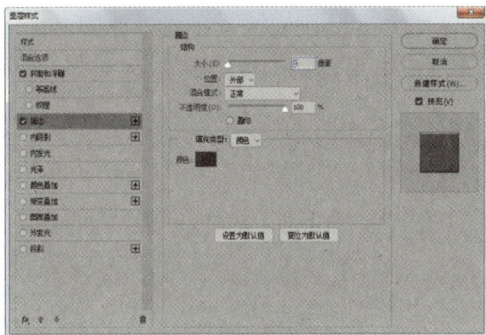

图4-72

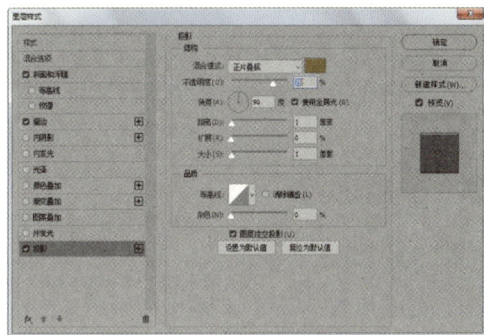

图4-73

⑬单击"确定"按钮，即可为该文本应用多种图层样式，如图4-74所示。

⑭按Ctrl+O组合键，依次打开"饼干.jpg""卡通熊.png""卡通字母.png""卡通女孩.jpg""包装袋.jpg"和"卡通蛋.png"素材，分别将它们拖曳到画面中，移至合适位置，并调整图层位置，曲奇详情页制作完成，最终效果如图4-75所示。

图4-74

图4-75

课堂思考

1.宝贝详情页的布局有哪些类型?

2.宝贝详情页的设计技巧有哪些?

3.主图页和详情页的设计有何区别?

课后训练

1.制作零食详情页

实用指数:☆☆☆☆☆

技术掌握:钢笔工具、画笔工具、横排文字工具、图层样式的使用方法。

本习题主要练习钢笔工具、画笔工具、横排文字工具和图层样式的使用,置入多个素材并绘制图形,添加文本,制作一个甜美温馨的零食详情页,最终画面效果如图4-76所示。

步骤如图4-77所示。

图4-76   图4-77

2.制作炒锅详情页

实用指数:☆☆☆☆☆

技术掌握:矩形工具、椭圆工具、图层蒙版、图层样式的使用方法。

本习题主要练习矩形工具、椭圆工具、图层样式和图层蒙版的使用,制作炒锅详情页。最终效果如图4-78所示。

步骤如图4-79所示。

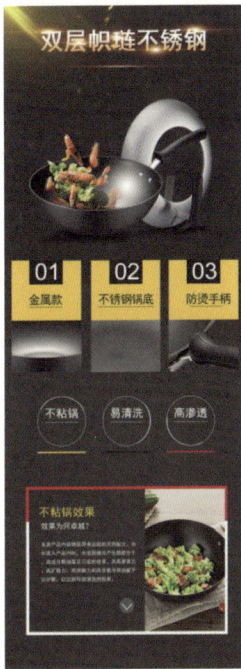

图4-78

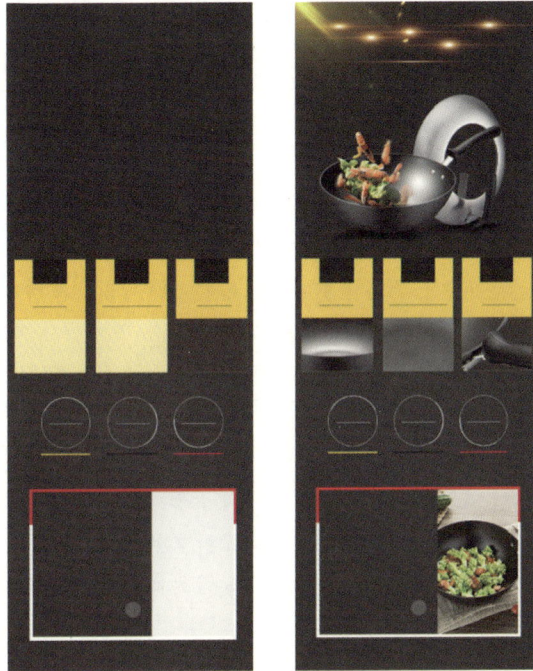

图4-79

评价反馈

表 4-1　活动过程评价小组自评表

组名		日期	年　　月　　日
评价指标	评价要素	分数	分数评定
信息检索	能有效利用网络、工作手册查找有用信息；能用自己的语言有条理地解释所学知识；能将查找的信息有效转换到工作中	10	
感知工作	是否熟悉各自的工作内容，在工作中是否获得满足感	10	
参与状态	探究学习、自主学习不流于形式；与教师、同学之间是否相互尊重，保持有效的信息交流；处理好独立思考和合作学习之间的关系，做到有效学习	20	
学习方法	工作计划、操作技能是否符合要求；是否获得了进一步发展能力	10	
工作过程	操作合规；出勤情况；每天完成任务的情况；善于多角度思考问题	15	
思维状态	能否发现问题、提出问题、分析问题、解决问题、创新问题	10	
自评反馈	按时按质完成工作任务；较好掌握了专业知识点；具有较强的信息分析能力和理解能力	25	
自评分数			
有益的经验和做法			
总结反思建议			

表 4-2 活动过程评价小组互评表

组名		日期	年 月 日
评价指标	评价要素	分数	分数评定
信息检索	该组能否有效利用网络、工作手册查找有用信息；能否用自己的语言有条理地解释所学知识；能否将查找的信息有效转换到工作中	15	
感知工作	该组是否熟悉各自的工作内容，在工作中是否获得满足感	10	
参与状态	该组与教师、同学之间是否相互尊重，保持有效的信息交流；是否处理好独立思考和合作学习之间的关系，做到有效学习	25	
学习方法	该组工作计划、操作技能是否符合要求；是否获得了进一步发展能力	10	
工作过程	该组是否操作合规；出勤情况；每天完成任务的情况；善于多角度思考问题	25	
思维状态	该组能否发现问题、提出问题、分析问题、解决问题、创新问题	5	
互评反馈	该组能严肃认真地对待自评	10	
互评分数			
简要评述			

表4-3　教师评价表

组名和成员				
出勤情况				
评价指标	评价内容	评价标准	分值	分数
接受任务 任务描述	口述任务内容细节	表述仪态自然、吐字清晰； 表述思路层次分明、准确	10	
任务分析 分组情况	任务分析落实分组和任务分工	分组是否顺利、明确； 涉及理论知识回顾完整	20	
计划实施	任务实施中的学习、讨论和完成全过程	独立思考和小组学习结合； 尊重、友好氛围完成讨论； 顺利完成任务	55	
总结	任务总结	依据作品、自评和互评	15	
合计分数				

项目五
设计活动图

典型工作环节一　分析任务

一、任务内容

打开一个口碑和销量都不错的网店，通过对网店的浏览和对促销广告、推广图和钻展图的查看分析来讲解活动图的设计准则、设计技巧、设计要求和注意事项等内容。

二、任务目标

1.了解促销广告的尺寸规范；

2.清楚促销广告的设计准则；

3.清楚直通车推广图设计技巧；

4.了解钻展图的设计要求；

5.清楚常见促销广告类型；

6.掌握活动图的设计。

三、任务分组

学生任务分配表

班级		组号	
组长		指导教师	
组员			
任务分工			

四、任务引导

1.小组共同商议选定一个网店；

2.探讨促销广告的设计准则；

3.探讨直通车推广图的设计技巧；

4.探讨钻展图的设计要求。

典型工作环节二　设计促销广告

促销广告是指促进销售的广告，通过促销广告将产品的质量、性能、特点直观地告诉消费者，激发购买欲。本节详细介绍促销广告的尺寸规范、设计准则及常见类型。

一、边学边练

1.促销广告的尺寸规范

促销广告属于海报的一种，其尺寸可根据计算机显示器的屏幕大小来设定，一般宽度为800像素、1024像素、1280像素、1440像素、1680像素或1920像素，高度则可根据要求随意进行设置，建议为150~800像素，如图5-1所示。

图5-1

2.促销广告的设计准则

促销广告在店铺首页中占据很大面积，设计的灵活度比较高，那么在进行广告设计时，应该了解广告需要表达的主题，以及要遵循的设计准则。

（1）突出促销主题

电商店铺的海报从吸引眼球到被点击，往往只有短短几秒的时间，促销广告需要在有限的时间内让顾客了解促销活动的所有信息，所以其内容主要是促销的商品、促销方式、活动起止时间等。

（2）明确活动目的

不管是节假日促销、淡旺季促销，还是新产品促销都是一种销售引导。促销不仅可以增加产品销量、清理产品库存、吸引人气、推介新产品和提高产品曝光率，还可以传递信息，以及提高品牌的知名度和信誉。

（3）广告形式美观

设计促销广告时，为了保证其形式美观、简洁，需要注意整体色彩搭配、布局结构和文字编排。只有整体画面美观，才能吸引人注意。

（4）色彩搭配

促销广告的配色十分重要，顾客在接收到广告信息之前会处于色彩搭配带来的氛围中，一幅广告的色彩，要么倾向于冷色或暖色，要么倾向于明朗鲜艳或素雅质朴，每种色彩倾向将形成不同的色调，给人们的印象也不同。根据产品的属性合理地搭配色彩可以使顾客快速融入促销广告所营造的氛围。图5-2是以蓝色为主色，冷暖对比的促销海报。

图5-2

（5）排版布局

在制作促销广告时，需要对广告中的图文进行合理排布，形成能够吸引顾客的版面布局。在设计广告的版面布局时，没有固定规律，需要灵活运用与搭配。合理排布图文，使画面形成视觉导向，才有利于视觉传达，从而制作出优秀的促销广告作品。图5-3为左文右图版面布局的促销海报。

图5-3

（6）文字编排

在促销广告中，文字的表现与商品的展示同等重要，文字可以对商品、活动、服务等信息进行说明和引导，合理地编排文字可以使信息的传递更加准确，广告也会更加精美。图5-4为促销海报的文字编排效果。

图5-4

3.促销广告常见类型

电商店铺有多种促销广告，包括节庆促销广告、开业促销广告、例行促销广告等，本小节主要对常见的促销广告进行讲解与分析。

（1）新店开张促销广告

新店开张促销广告是电商店铺开业时的一种促销广告，对顾客今后是否光顾有很大的影响，所以应给予重视，在设计上要做到独树一帜，从背景、文案和产品上来抓住顾客的眼球，给顾客留下一个好的印象，如图5-5所示。

图5-5

（2）店庆促销广告

大部分电商店铺每年会有一次店庆，这时候就需要店庆促销广告。店庆促销除了增长销量以外，更多的是回馈老顾客、吸引新客户，所以店庆促销广告应该更加吸引眼球，如图5-6所示。

（3）节日促销广告

节日促销活动是比较常见的活动类型，一般都是在节日开展的，如春节、国庆节、中秋节、情人节等。这些促销活动既增加了节日的气氛，也为顾客提供了购买选择。节日促销广告如图5-7所示。

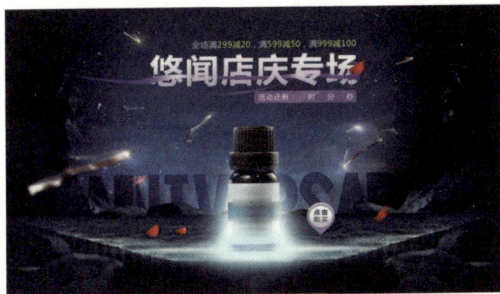
图5-6

图5-7

（4）秒杀促销广告

秒杀促销也就是限时抢购，秒杀促销与此前流行的买家竞相加价的网络竞拍不同，这种类似现实生活中商品抢购的促销方式，由于成交速度快，得失决定于数秒之间，因此被称为"秒杀促销"。秒杀促销广告如图5-8所示。

图5-8

二、巩固训练——制作双十二促销广告

实用指数：☆☆☆☆☆

技术掌握：渐变工具、钢笔工具、"动感模糊"滤镜、图层样式的使用方法。

①启动Photoshop CC 2019软件，执行"文件"→"新建"命令，新建一个1920像素×600像素的文件，如图5-9所示。

②选择工具箱中的"渐变工具"，在属性栏中单击渐变颜色调，弹出"渐变编辑器"对话框，在对话框中设置从#251047到#6b22a3再到#251047的渐变颜色，如图5-10所示。

图5-9

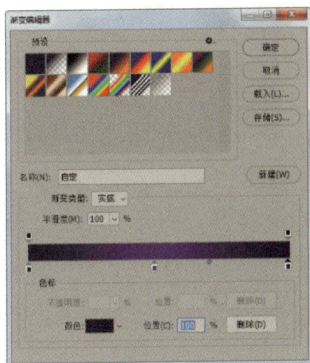
图5-10

③单击"确定"按钮，再单击"线性渐变"按钮，在画面中填充线性渐变颜色，如图5-11所示。

图5-11

④选择"钢笔工具"，在属性栏中设置工具模式为"形状"，"填充"为#893fc8，"描边"为无，在画面底部绘制图形，如图5-12所示。

图5-12

⑤继续使用"钢笔工具"，在画面底部绘制图形，并适当修改填充颜色，如图5-13所示。

图5-13

⑥执行"文件"→"置入嵌入对象"命令，置入"星球1.png""星球2.png""发射器.png"和"火球.png"素材，如图5-14所示。

图5-14

⑦按Ctrl+O组合键，打开"彩带.png"素材，将其拖曳到画面右侧，选中该素材图层，按Ctrl+J组合键复制图层，将复制的彩带素材拖曳到画面左侧，用相同的方法复制多次，使彩带布满整个画面，如图5-15所示。

图5-15

⑧执行"文件"→"置入嵌入对象"命令，置入"星球3.png"素材，放在画面右上方位置，如图5-16所示。

⑨选中"星球3"图层，单击"图层"面板底部的"添加图层蒙版"按钮，选择"渐变工具"，设置黑白渐变颜色，选中图层蒙版，按住鼠标左键从素材左下方向右上方拖曳光标，效果如图5-17所示。

图5-16

图5-17

⑩按Ctrl+O组合键，打开"素材.png""卡通人.png"和"金币.png"素材，将素材拖曳到画面中，放置在合适的位置，如图5-18所示。

图5-18

⑪选中"金币"图层，按Ctrl+J组合键复制"金币"图层，并将复制的图层移至"金币"图层下方，如图5-19所示。

图5-19

⑫选中"金币 拷贝"图层,执行"滤镜"→"模糊"→"动感模糊"命令,弹出"动感模糊"对话框,设置参数,如图5-20所示。

⑬单击"确定"按钮,即可应用动感模糊滤镜,效果如图5-21所示。

图5-20   图5-21

⑭复制"金币"图层两次,将复制的图形同时移至画面右侧并缩小,进行水平翻转,为其中一个复制的图形应用动感模糊滤镜,如图5-22所示。

图5-22

⑮按Ctrl+O组合键,打开"双12.png"素材,将其拖曳到画面中心处,如图5-23所示。

图5-23

⑯选择工具箱中的"圆角矩形工具",在属性栏中设置"填充"为#ff0099,"描边"为无,在画面下方绘制圆角矩形,如图5-24所示。

图5-24

⑰双击"圆角矩形1"图层，打开"图层样式"对话框，勾选"描边"选项，设置参数，如图5-25所示。单击"确定"按钮，即可应用描边样式，如图5-26所示。

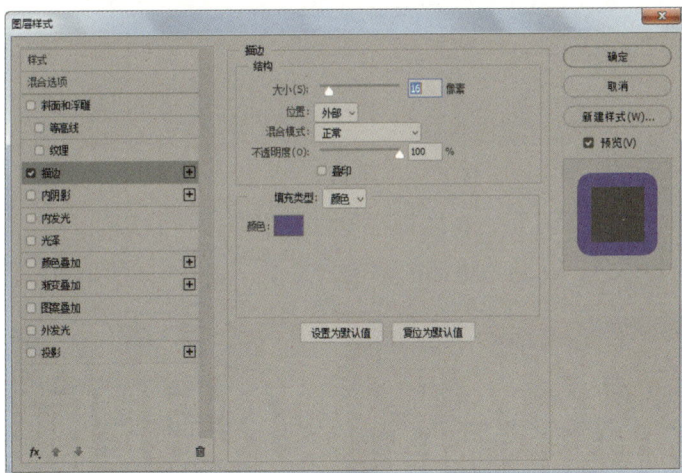

图5-25

图5-26

⑱选择工具箱中的"横排文字工具"，在属性栏中设置字体为Bauhaus 93，文字大小为"43.38点"，文字颜色为白色，选中"圆角矩形1"图层，在圆角矩形边缘上单击，在圆角矩形边缘上连续输入小数点，如图5-27所示。

图5-27

⑲双击符号文本图层，打开"图层样式"对话框，勾选"外发光"选项，设置参数，如图5-28所示。单击"确定"按钮，即可为文本应用图层样式，效果如图5-29所示。

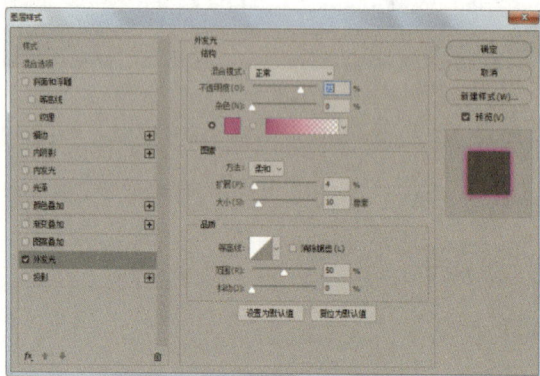

图5-28

⑳选择"横排文字工具"，在属性栏中设置字体为"黑体"，文字大小为"44.38点"，文字颜色为白色，在圆角矩形内部输入文本，如图5-30所示。

图5-29

图5-30

㉑双击该文本图层，打开"图层样式"对话框，勾选"投影"选项，设置参数，如图5-31所示。单击"确定"按钮，即可为文本应用图层样式，效果如图5-32所示。双十二促销广告制作完成，最终效果如图5-33所示。

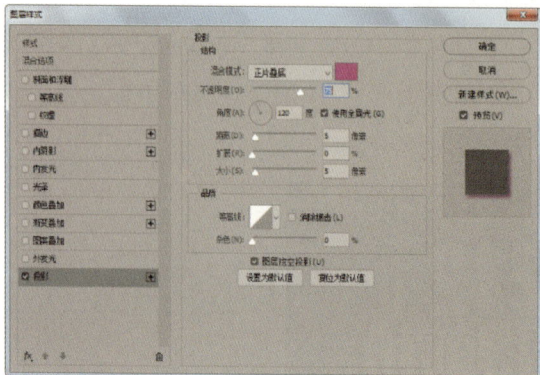

图5-31

图5-32

图5-33

典型工作环节三　设计直通车推广图

直通车是为卖家量身定做的推广工具，而直通车推广图是为了推广店铺产品所设计的活动图。本节将详细讲解设计直通车推广图的具体方法。

一、边学边练

1.直通车的设计意义

直通车能给店铺中的商品和整个店铺带来流量，提高商品和店铺的曝光率。直通车存在的意义主要体现在以下几个方面。

①精准引流：被直通车推广了的商品，只要进入购物网站浏览商品的顾客都可以注意到，这样大大提高了商品的曝光率，给卖家带来了更多的潜在顾客。

②有效关联：直通车能给店铺带来人气。虽然推广的是单个的商品，但很多买家进入店铺后会习惯性浏览其他宝贝，一个点击带来的可能是几个成交量，这种连锁反应是直通车推广的优势，这种推广能增加电商店铺的人气。

③精准投放：相对于其他推广方式，直通车的推广方式更为精准。直通车在展位上免费展示卖家的商品，卖家按买家点击量付费。通过自由设置日消费限额、投放时间、投放地域，并根据自己店铺商品的类型和购买人群精准投放，有效控制花销，能在保证推广效果的同时合理降低卖家成本。

2.直通车推广图设计技巧

直通车广告要吸引浏览者点击，引来流量，除了要做好文字的提炼和排版之外，还要制作必不可少的推广图。在制作推广图时，要清楚掌握八大设计技巧。

（1）要对设计做好定位

通常情况下，直通车的推广图是视觉优化的重要部分。一般先要根据推广定位来确定该商品所要投放的位置，这样更加方便对该商品的周边商品进行分析，使得其在设计上突出亮点，吸引买家注意，然后还要确定该商品推广针对的消费人群，通过分析消费人群的喜好、消费能力和生活习惯等因素来确定设计风格和促销方式。一般首图的尺寸是310像素×310像素，如图5-34所示。

（2）要将商品的卖点重点展现出来

确定好直通车推广图的定位后，接着就要设计推广图的具体内容了，在设计的时候，一定要将商品的卖点重点展现出来，同时还要令商品图片保持清晰，如图5-35所示。

图5-34   图5-35

（3）懂得突出商品与背景的色彩差异

如果一个商品的颜色与背景色相同或相近的话，那么很容易使得商品的辨识度降低，同时也让消费者很难将注意力集中在商品上。尽量使用对比色、冷暖色，将商品颜色和背景颜色区分开来，若是需要使用相近的颜色，也可以制作渐变背景，突出商品。如图5-36所示，左图为使用对比色，右图为使用相近色。

图5-36

（4）要保证商品处于重要位置

在制作直通车推广图的时候还要考虑买家的浏览习惯，一般都是先浏览图片再浏览文字，如果先浏览文字再浏览图片，很容易使消费者感到疲劳。同时，也不要让大量的文字覆盖商品，这样很容易影响商品展示的完整性。

（5）要学会准确展现商品

想要买家多留意店铺的商品，就需要懂得利用商品搭配的方法来吸引买家注意力。在展示商品和拍摄商品的时候，要懂得利用一些其他商品进行搭配，但是一定要区分出主次关系，主要商品一定要占到图片2/3的面积，这样才能让消费者很好地区别商品，避免造成误解。

（6）保持图片的清晰度很重要

保持清晰度是直通车推广图最基本的一点，清晰的图片能够让人感受到商品的质感，在设计图片时，需要将较暗的图片调亮，也可以对模糊的图片进行锐化处理，使其变得更加清晰。

（7）要统一排布文字

制作直通车推广图时，切忌胡乱排布文字，这样不仅会显得杂乱不堪，还很容易引起买家的不适感。直通车推广图中的文字需要排布整齐，所有文字都统一居左或居右，一般情况下文字的字体、颜色、样式、行距等需要统一设置，也可以根据不同的情况来调整文字的属性。

（8）要懂得优化文字的信息

直通车推广图不但要展示商品的亮点，而且还要展示其价格，明确地向顾客展示商品的所有信息，同时，也可以适当利用文字，放大商品的功能，对消费者产生更大的吸引力。

二、巩固训练——制作精美手表直通车推广图

实用指数：☆☆☆☆☆

技术掌握：矩形工具、横排文字工具、图层样式的使用方法。

①启动Photoshop CC 2019软件，执行"文件"→"新建"命令，新建一个800像素×800像素的文件，背景颜色设置为浅紫色（#b9bede），如图5-37所示。

②选择工具箱中的"矩形工具"，在属性栏中设置"填充"为#ffe6df，"描边"为无，在画面上方绘制矩形，如图5-38所示。

图5-37

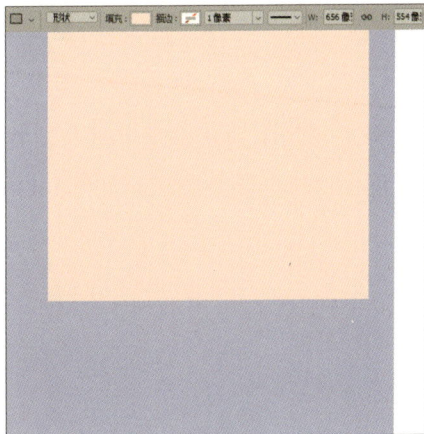

图5-38

③双击"矩形1"图层，打开"图层样式"对话框，勾选"投影"选项，设置参数，如图5-39所示。单击"确定"按钮，即可应用图层样式，效果如图5-40所示。

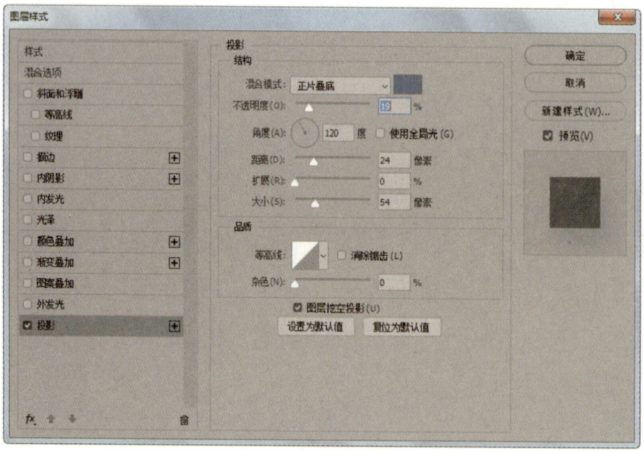

图5-39

图5-40

④选中"矩形1"图层，按Ctrl+J组合键，复制该图层，将复制的图层样式选清楚。再选中复制的矩形，按Ctrl+T组合键，调整该矩形的大小和位置，如图5-41所示。

⑤继续选择"矩形工具"，在属性栏中设置"填充"为#cfe7ee，"描边"为无，在画面左侧绘制矩形，如图5-42所示。

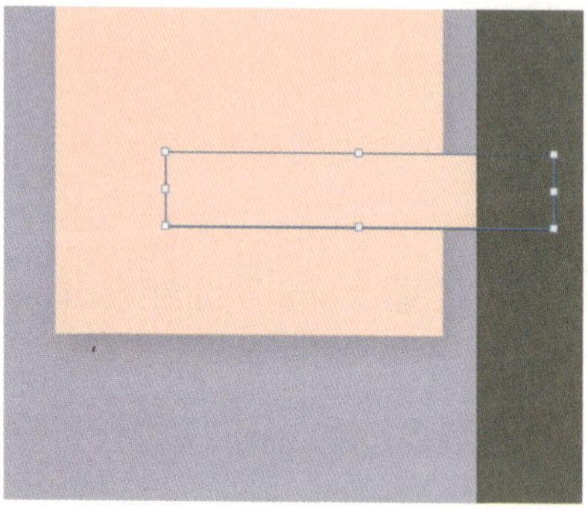

图5-41

图5-42

⑥选择工具箱中的"椭圆工具"，在属性栏中设置"填充"为#ffe6df，"描边"为无，在画面底部绘制小圆形，如图5-43所示。

图5-43

⑦双击"椭圆1"图层，打开"图层样式"对话框，勾选"投影"选项，设置参数，如图5-44所示。单击"确定"按钮，即可应用投影样式，效果如图5-45所示。

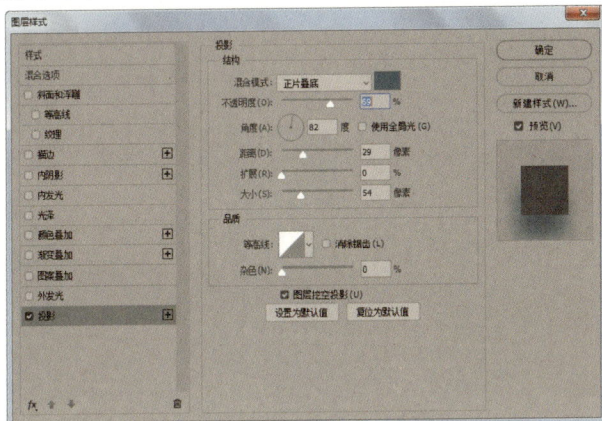
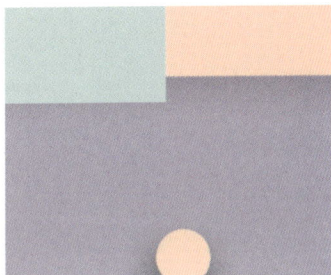

图5-44   图5-45

⑧按Ctrl+J组合键，复制"椭圆1"图层，生成"椭圆1拷贝"图层，修改该图层中的圆形的大小、颜色、位置和"投影"参数，如图5-46所示。

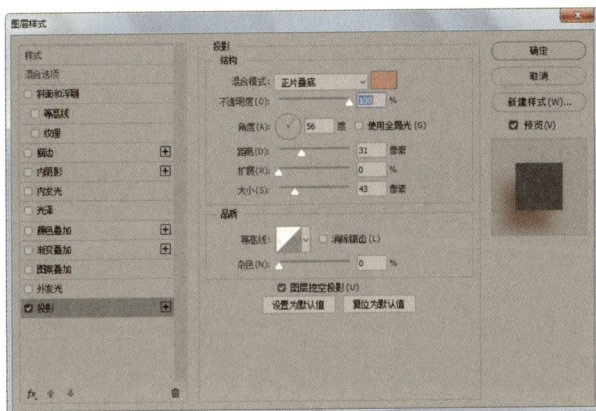

图5-46

⑨按Ctrl+J组合键，复制"椭圆1拷贝"图层，生成"椭圆1拷贝2"图层。修改该图层中的圆形大小、颜色、位置和"投影"参数，如图5-47所示。

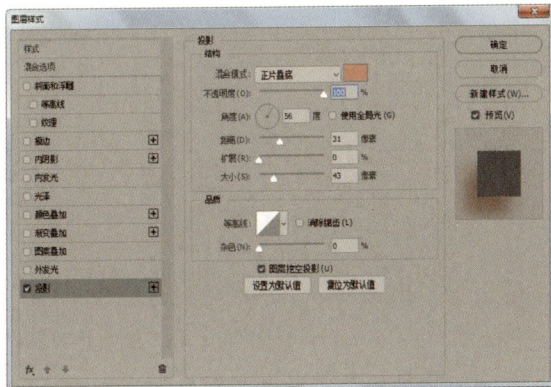

图5-47

⑩按Ctrl+J组合键，复制"椭圆1拷贝2"图层，生成"椭圆1拷贝3"图层。修改该图层的圆形大小、颜色、位置和"投影"参数，如图5-48所示。

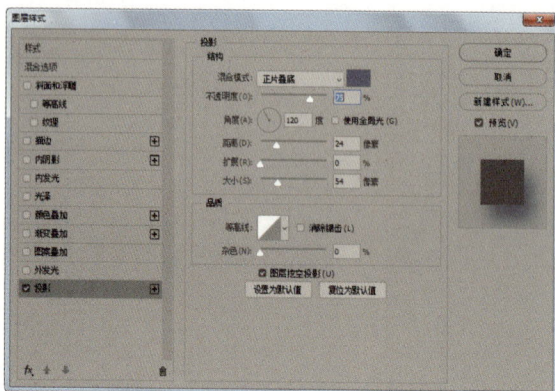

图5-48

⑪按Ctrl+J组合键，复制"椭圆1拷贝3"图层，生成"椭圆1拷贝4"图层。修改该图层的圆形大小、颜色、位置和"投影"参数，如图5-49所示。

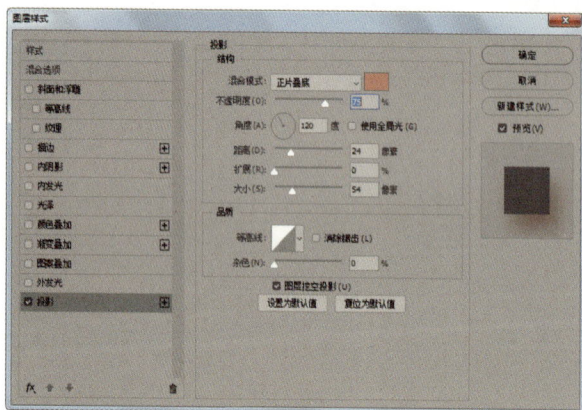

图5-49

⑫按Ctrl+O组合键，打开"手表.png"素材，将其拖曳到画面右侧，如图5-50所示。

图5-50   图5-51

⑬选择"矩形工具",在属性栏中设置"填充"为无。"描边"为白色,描边宽度为"1.49点",描边类型为虚线,在左侧矩形处绘制虚线矩形框,如图5-51所示。

⑭选中"矩形2"图层,单击"图层"面板底部的"添加图层蒙版"按钮,为该图层添加图层蒙版。选中图层蒙版,选择"矩形工具"在属性栏中设置工具模式为"像素",在虚线矩形框的右侧边缘处绘制矩形,将右侧的虚线遮盖住,如图5-52所示。

⑮使用"横排文字工具",在虚线矩形框内部输入文本。设置上方文本字体为"黑体",下方文本字体为"幼圆",文字大小都为"57点",文字颜色为#424a95,如图5-53所示。

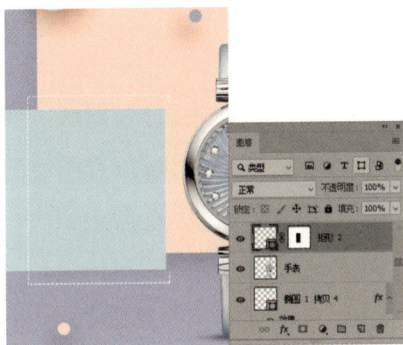

图5-52

图5-53

⑯选择"矩形工具",在属性栏中设置"填充"为#fdead,"描边"为无,在文本下方绘制一个较小的矩形,如图5-54所示。

图5-54

图5-55

⑰使用"横排文字工具",在小矩形中输入文本,设置字体为"黑体",文字大小为"18.41点",文字颜色为黑色,如图5-55所示。

⑱在小矩形上方输入英文文本"LIGHT STYLE"(浅色),设置字体为Arial,文字大小为"8.72点",文字颜色为白色,如图5-56所示。

⑲选择工具箱中的"直排文字工具",在虚线矩形框的右侧空白处输入英文"SING FOR YOU"(为你唱歌),设置字体为Bell MT,文字大小为"47点",文字颜色为#6871b6,文字效果如图5-57所示。

⑳修改字体为黑体，文字大小为"9点"，在虚线矩形框内空白处继续输入文本，如图5-58所示。

图5-56　　　　　　　　　　图5-57　　　　　　　　　　图5-58

㉑按Ctrl+J组合键，复制"椭圆1"图层，生成"椭圆1拷贝5"图层。修改该图层中的圆形的大小、颜色、位置和"投影"参数，并将该图层移至所有图层的上方，如图5-59所示。精美手表直通车推广图制作完成，最终效果如图5-60所示。

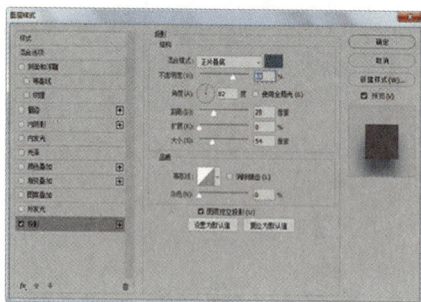

图5-59　　　　　　　　　　　　　　　图5-60

典型工作环节四　设计钻展图

钻展图即放置在钻石展位的广告图，其中钻石展位（简称"钻展"）是电商店铺图片类广告位竞价投放平台。通过钻展图可以加大宣传力度，从而促使顾客购买。本节将详细讲解设计钻展图的具体方法。

一、边学边练

1.钻展图的含义

钻展图的全称是钻石展位图，是为卖家提供的一种营销工具。钻石展位依靠图片创意吸引买家点击，获取流量。钻石展位是按流量竞价售卖的广告位，计费单位为

CPM（每千次浏览单价），按照出价从高到低进行展现。卖家可以根据群体（地域和人群）、访客、兴趣点3个方向设置定向展现。

钻展图具有以下特点：

①范围广：覆盖全国80%的网上购物人群，每天超过12亿次展现机会。

②定向精准：定向性强，迅速锁定目标人群，广告投其所好，提高转化率。

③实时竞价：投放计划可随时调整，实时生效并参与竞价。

在制作钻展图时，要清楚了解钻展图的推广策略，才能吸引买家的目光，从而增加购买力度。钻展图的推广策略有以下几点：

①单品推广：如果店铺中有爆款单品，可以使用这种推广方式。可以通过一个爆款单品带动整个店铺的商品销量。

②活动推广：适合有一定活动运营能力的成熟店铺，以及需要短时间内大量引流的店铺。

③品牌推广：适合明确了品牌定位和独立风格的店铺。

2. 钻展图设计要求

（1）因地制宜

和直通车不同，钻展的位置众多且尺寸各异。钻展图的投放地包括天猫首页、淘宝首页、阿里旺旺、站外门户、站外社区、手机淘宝等，对应的钻展图尺寸高达数十种。针对的人群不同，钻展图的位置和尺寸也不同。除了考虑群体的影响，还需要根据群体的兴趣点来确定钻展图的位置。

（2）主题突出

钻展图可以是产品图片，可以是创意方案，还可以是买家诉求的呈现。钻展图的可操作性要比直通车推广图更强，这是因为一般钻展图的尺寸要相对大一些，且有多种规格可选。要求钻展图一定要突出，才能够吸引更多买家点击。

（3）目标明确

相对于直通车而言，钻展投放的目的可能会有很多种，比如通过钻展引流到聚划算，预热大型活动，进行品牌形象宣传，推介新商品上新等。所以，在钻展图的设计中，首先需要卖家明确自己的营销目标，再根据它进行有针对性的素材选择和设计，这样点击率才更有保障。

（4）形式美观

形式美观的钻展图更能获取顾客好感进而实现高点击率。在素材相同，创意类似的情况下，钻展图片的美感就成了决胜关键。

二、巩固训练——制作沙发钻展图

实用指数：☆☆☆☆☆

技术掌握：矩形工具、圆角矩形工具、直接选择工具、图层样式的使用方法。

①启动Photoshop CC 2019软件，执行"文件"→"新建"命令，新建一个800像素×800像素的文件，如图5-61所示。

②选择工具箱中的"矩形工具"，在属性栏中设置"填充"为#cff5f5。"描边"为无，在画面上方绘制矩形，如图5-62所示。

图5-61

图5-62

③按Ctrl+T组合键，旋转矩形，并移至画面右上角，如图5-63所示，按回车确认。

④选中"矩形1"图层，按Ctrl+J组合键，复制该图层，生成"矩形1拷贝"图层，向左下方向移动复制的矩形，如图5-64所示。

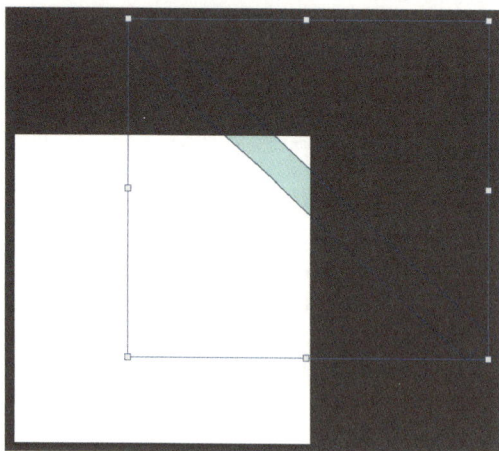

图5-63

图5-64

⑤使用相同的方法，再复制"矩形1"图层两次，移动复制的图层，如图5-65所示。

⑥选择工具箱中的"钢笔工具"，在属性栏中设置"填充"为#548e8d，"描边"为无，在画面左侧绘制三角形，如图5-66所示。

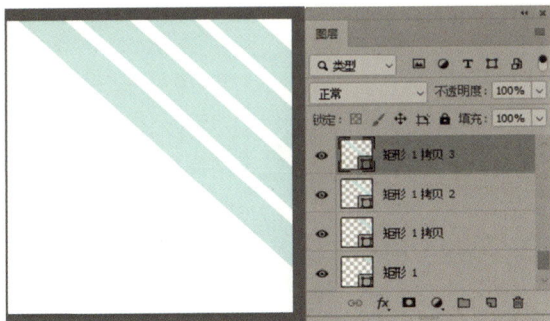

图5-65

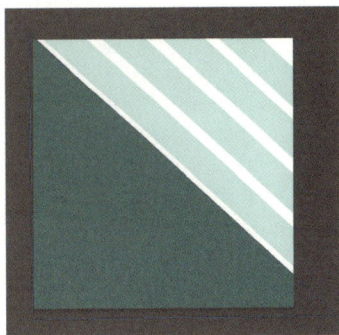

图5-66

⑦执行"文件"→"置入嵌入对象"命令，在弹出的"置入嵌入的对象"对话框中选择"沙发.png"素材，如图5-67所示。单击"置入"按钮，将素材置入画面。移至画面中心位置，如图5-68所示。

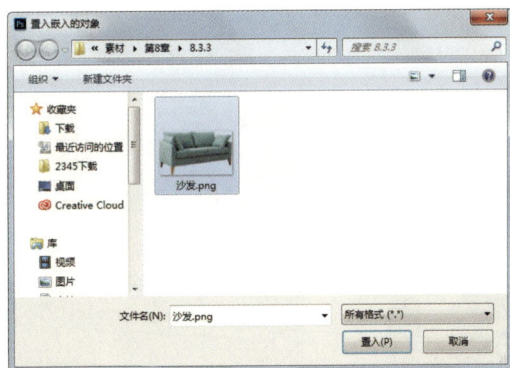

图5-67

⑧选择"横排文字工具"，设置字体为"黑体"，文字大小为"31.5点"，文字颜色为白色，在沙发上输入文本，如图5-69所示。

图5-68

图5-69

⑨双击该文字图层，打开"图层样式"对话框，勾选"描边"选项，设置"描边"参数，如图5-70所示。

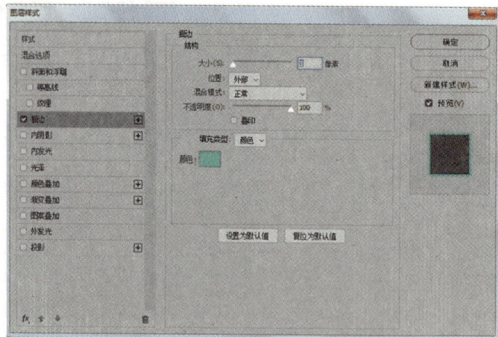

图5-70

⑩修改文字大小为"113点"，文字颜色为#548c8d，在画面上方继续输入文字，如图5-71所示。

⑪双击新输入的文字图层，打开"图层样式"对话框，勾选"描边"选项，设置"描边"参数，如图5-72所示。

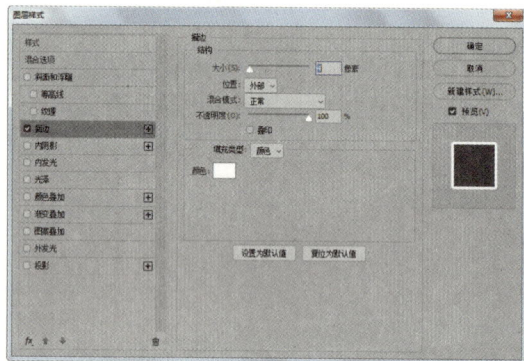

图5-71   图5-72

⑫勾选"渐变叠加"选项，单击"渐变"右侧的颜色条，弹出"渐变编辑器"对话框，设置渐变颜色，如图5-73所示。单击"确定"按钮，返回"图层样式"对话框，设置参数，如图5-74所示。

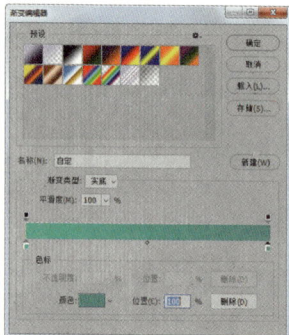
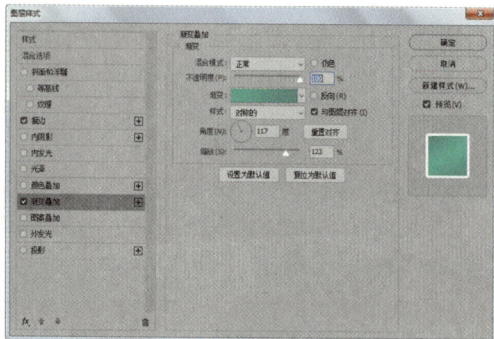

图5-73   图5-74

⑬最后勾选"投影"选项，设置"投影"参数，如图5-75所示。单击"确定"按钮，即可为文字应用图层样式，如图5-76所示。

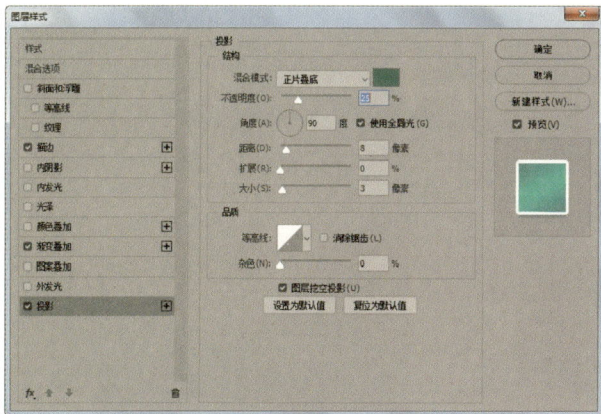

图5-75　　　　　　　　　　　　　　　　　图5-76

⑭选择工具箱中的"圆角矩形工具"，在属性栏中设置"填充"为#06c1a4。"描边"为无，在"属性"面板中设置圆角半径为"46像素"，如图5-77所示。在画面下方绘制圆角矩形，如图5-78所示。

⑮选择工具箱中的"直接选择工具"，选中圆角矩形左侧锚点，向左拖曳，调整圆角矩形的形状，如图5-79所示。

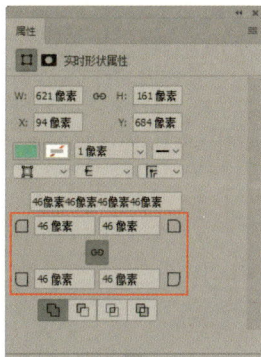

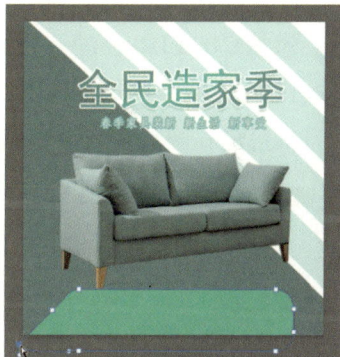

图5-77　　　　　　　　　　图5-78　　　　　　　　　　图5-79

⑯选择工具箱中的"椭圆工具"，在属性栏中设置"填充"为从#f f7308到#f7b143的线性渐变，如图5-80所示。"描边"为#f9e48b，描边宽度为"8.27像素"。在画面右下角绘制圆形，如图5-81所示。

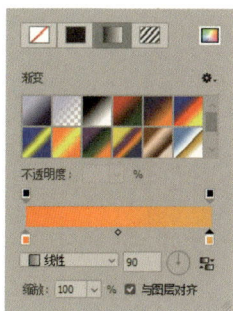
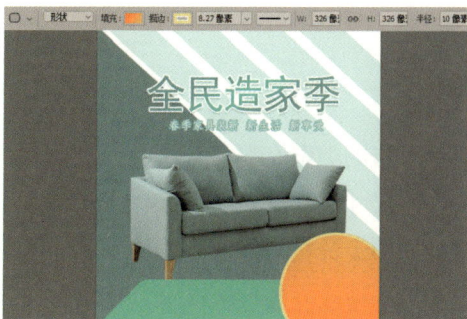

图5-80　　　　　　　　　　　　图5-81

155

⑰选择"圆角矩形工具",在属性栏中设置"填充"为#fe740a,"描边"为无,在画面中绘制一个较小的圆角矩形,如图5-82所示。

⑱选择"横排文字工具",设置字体为"黑体",文字颜色为白色,适当设置文字大小,在绘制的圆角矩形和圆形中输入文本,如图5-83所示。

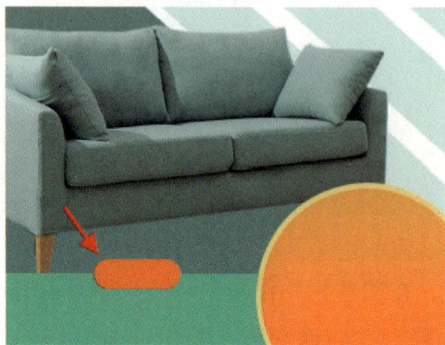

图5-82

图5-83

⑲选择"圆角矩形工具",在属性栏中设置"填充"为#fe740a,"描边"为无,在"属性"面板中设置圆角半径为"42.5像素",在画面左上角绘制圆角矩形,如图5-84所示。

⑳按Ctrl+J组合键,复制该圆角矩形图层,修改复制的圆角矩形"填充"为#06c1a4,并向左移动,如图5-85所示。

㉑最后在圆角矩形中输入文字,沙发钻展图制作完成,最终效果如图5-86所示。

图5-84

图5-85

图5-86

课堂思考

1.常见促销广告的类型有哪些?

2.促销广告的尺寸是什么?

3.直通车推广图设计技巧有哪些?

4.钻展图的设计要求有哪些?

5.活动图设计要遵循的原则和技巧有哪些?

● 课后训练

1.制作坚果食品直通车推广图

实用指数:☆☆☆☆☆

技术掌握:"色相/饱和度"命令、图层样式的使用方法。

本习题主要练习"色相/饱和度"命令和图层样式的使用,置入多个素材并添加图层样式,制作坚果食品直通车推广图。最终效果如图5-87所示。

图5-87

步骤如图5-88所示。

图5-88

2.制作情人节鲜花钻展图

实用指数:☆☆☆☆☆

技术掌握：圆角矩形工具、自定形状工具、横排文字工具和图层样式的使用方法。

本习题主要练习圆角矩形工具、自定形状工具、横排文字工具和图层样式的使用，制作情人节鲜花钻展图。最终效果如图5-89所示。

图5-89

步骤如图5-90所示。

图5-90

● 评价反馈

表 5-1 活动过程评价小组自评表

组名		日期	年 月 日
评价指标	评价要素	分数	分数评定
信息检索	能有效利用网络、工作手册查找有用信息；能用自己的语言有条理地解释所学知识；能将查找的信息有效转换到工作中	10	
感知工作	是否熟悉各自的工作内容，在工作中是否获得满足感	10	
参与状态	探究学习、自主学习不流于形式；与教师、同学之间是否相互尊重，保持有效的信息交流；处理好独立思考和合作学习之间的关系，做到有效学习	20	
学习方法	工作计划、操作技能是否符合要求；是否获得了进一步发展能力	10	
工作过程	操作合规；出勤情况；每天完成任务的情况；善于多角度思考问题	15	
思维状态	能否发现问题、提出问题、分析问题、解决问题、创新问题	10	
自评反馈	按时按质完成工作任务；较好掌握了专业知识点；具有较强的信息分析能力和理解能力	25	
自评分数			
有益的经验和做法			
总结反思建议			

表 5-2　活动过程评价小组互评表

组名		日期	年　月　日
评价指标	评价要素	分数	分数评定
信息检索	该组能否有效利用网络、工作手册查找有用信息；能否用自己的语言有条理地解释所学知识；能否将查找的信息有效转换到工作中	15	
感知工作	该组是否熟悉各自的工作内容，在工作中是否获得满足感	10	
参与状态	该组与教师、同学之间是否相互尊重，保持有效的信息交流；是否处理好独立思考和合作学习之间的关系，做到有效学习	25	
学习方法	该组工作计划、操作技能是否符合要求；是否获得了进一步发展能力	10	
工作过程	该组是否操作合规；出勤情况；每天完成任务的情况；善于多角度思考问题	25	
思维状态	该组能否发现问题、提出问题、分析问题、解决问题、创新问题	5	
互评反馈	该组能严肃认真地对待自评	10	
互评分数			
简要评述			

表 5-3　教师评价表

组名和成员				
出勤情况				
评价指标	评价内容	评价标准	分值	分数
接受任务 任务描述	口述任务内容细节	表述仪态自然、吐字清晰； 表述思路层次分明、准确	10	
任务分析 分组情况	任务分析落实分组和任务分工	分组是否顺利、明确； 涉及理论知识回顾完整	20	
计划实施	任务实施中的学习、讨论和完成全过程	独立思考和小组学习结合； 尊重、友好氛围完成讨论； 顺利完成任务	55	
总结	任务总结	依据作品、自评和互评	15	
合计分数				

项目六

设计制作网店图片

典型工作环节一　分析任务

一、任务内容

模拟网店开设，选定至少5种不同类型的商品，为网店制作首页和促销广告，设计直通车推广图和钻展图，为5种商品分别制作商品图和详情页。

二、学习目标

1.综合应用Photoshop制作首页；

2.综合应用Photoshop制作促销广告；

3.综合应用Photoshop制作直通车推广图；

4.综合应用Photoshop制作钻展图；

5.综合应用Photoshop制作商品图；

6.综合应用Photoshop制作详情页。

三、任务分组

学生任务分配表

班级		组号	
组长		指导教师	
组员			
任务分工			

四、任务引导

1.小组共同商议选定一个网店；

2.探讨选定至少5种商品；

3.探讨制作网店的首页和促销广告；

4.探讨制作直通车推广图和钻展图；

5.探讨制作商品图和详情页。

典型工作环节二　设计制作钻展图

本节将结合前面所学知识，以案例的形式介绍电商店铺钻展图的设计与应用。

一、边学边练

实用指数：☆☆☆☆☆

技术掌握：矩形工具、圆角矩形工具、画笔工具、图层样式的使用方法。

钻展图是放置在钻展展位的广告图，可以为电商吸引买家点击，获取巨大的流量，钻展图作为电商的营销工具，在设计理念上要遵循主题明显、内容新颖、用色大胆等原则。钻展图无论放置在哪个位置，都要第一时间吸引买家的眼球。本案例制作的是一款手表的钻展图，用鲜明的对比色和醒目的文字来体现该手表的卖点，从而提高点击率，提升转化率。

1.制作背景

①启动Photoshop CC 2019软件，执行"文件"→"新建"命令，新建1个800像素×800像素的文件，如图6-1所示。

②创建新图层，设置前景色为#8818de，按Alt+Delete组合键，填充前景色，如图6-2所示。

图6-1

图6-2

③创建新图层，设置前景色为#4193f8。单击工具箱中的"渐变工具"，单击属性栏上的渐变条，在弹出的"渐变编辑器"中选择"前景色到透明渐变"，如图6-3所示。单击"确定"按钮，再单击"径向渐变"按钮，在画面中从右往左拖动鼠标指针，填充径向渐变，如图6-4所示。

图6-3   图6-4

④按住Ctrl键，单击"图层"面板底部的"创建新图层"按钮，在顶部涂层的下方创建新图层。

⑤设置前景色为白色，单击工具箱"画笔工具"，设置属性栏中画笔类型为"柔边圆"，不透明度为90%，在画面上单击，绘制白色圆点，如图6-5所示。

⑥单击工具箱中的"圆角矩形工具"，在属性栏中设置类型为"形状"，"填充"为#eeea38，"描边"为无，在画面中绘制一个圆角矩形，如图6-6所示。

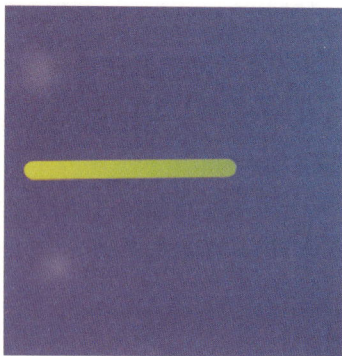

图6-5   图6-6

⑦双击圆角矩形图层，打开"图层样式"对话框，勾选"渐变叠加"复选框，单击"渐变"右侧的颜色条，打开"渐变编辑器"对话框，设置从#4c95f3到#8818de的渐变颜色，如图6-7所示。单击"确定"按钮，返回"图层样式"对话框，如图6-8所示。单击"确定"按钮，即可为圆角矩形应用图层样式。

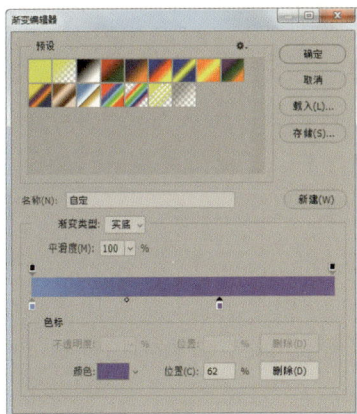

图6-7

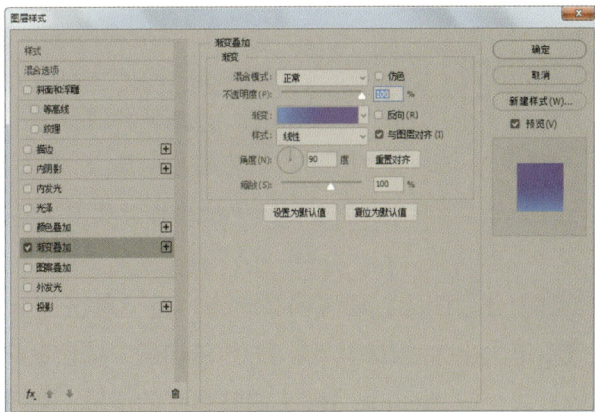

图6-8

⑧按Ctrl+T组合键显示定界框，旋转矩形，并将圆角矩形放在合适的位置，效果如图6-9所示。

⑨按Ctrl+J组合键复制圆角矩形图层，再按Ctrl+T组合键调整复制的圆角矩形的大小和位置，双击复制的图层，打开"图层样式"对话框，修改"渐变叠加"参数，修改为从#f8c45e到#8818de的渐变颜色，如图6-10所示。

图6-9

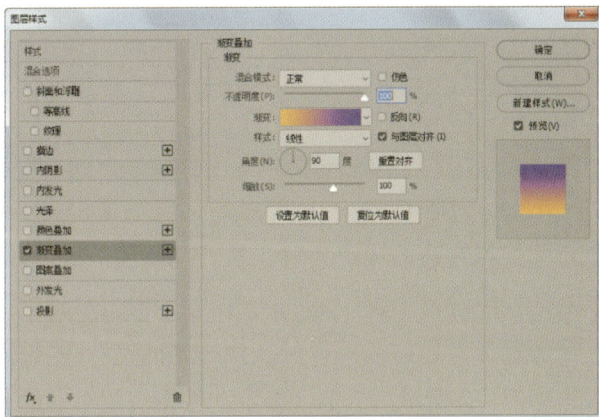

图6-10

⑩单击"确定"按钮，即可为圆角矩形应用图层样式，如图6-11所示。

⑪用上述复制圆角矩形，修改圆角矩形的大小、位置和颜色的操作方法，制作其他的圆角矩形，如图6-12所示。

图6-11

图6-12

延伸讲解

电商平台不同，其钻展图尺寸也不相同。一般淘宝网页版的钻展图尺寸为520像素×280像素，淘宝手机端的钻展图尺寸为640像素×200像素，天猫网页版的钻展图尺寸为1180像素×500像素，天猫手机端的钻展图尺寸为640像素×200像素。

⑫创建新图层，设置前景色为白色。单击工具箱中的"铅笔工具"，在属性栏中设置铅笔大小为"2像素"，按住 Shift键，按住鼠标左键拖动鼠标，在画面中绘制一条白色直线，按Ctrl+T组合键，调整直线的位置，如图6-13所示。

⑬按Ctrl+O组合键，打开"装饰.png"和"钱币.png"素材，将素材拖曳至画面中，复制并调整素材的大小和位置，如图6-14所示。

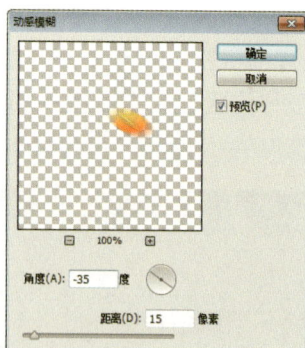

图6-13　　　　　　　　　图6-14　　　　　　　　　图6-15

⑭选择右边的钱币素材，执行"滤镜"→"模糊"→"动感模糊"命令，在弹出的对话框中设置参数，如图6-15所示。单击"确定"按钮关闭对话框。

⑮选择左边的钱币素材，执行"滤镜"→"模糊"→"动感模糊"命令，设置参数，如图6-16所示。单击"确定"按钮关闭对话框，此时模糊效果如图6-17所示。

⑯打开"钱币.png"素材，将其再次拖曳至画面中，移动至右侧钱币位置，如图6-18所示。

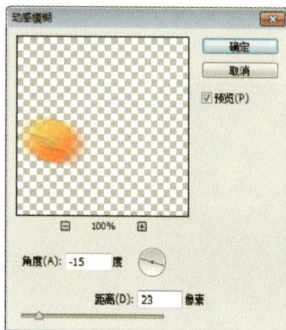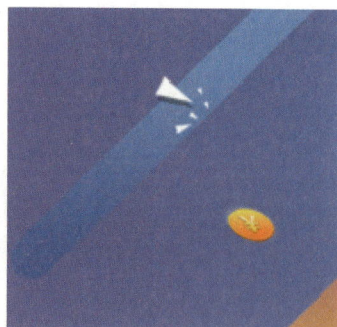

图6-16　　　　　　　　　图6-17　　　　　　　　　图6-18

2.添加商品

①选择最顶端的图层，单击"图层"面板底部的"创建新组"按钮圈，将组名称改为"手表"。打开"手表.png"素材文件，将素材拖曳至画面中，如图6-19所示。

②单击"图层"面板底部的"创建新的填充或调整图层"按钮，选择"曝光度"选项，创建"曝光度1"调整图层，设置参数，如图6-20所示。

 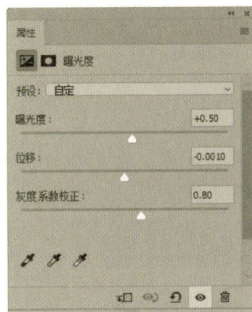

図6-19　　　　　　　　　図6-20

③按住Alt键，在"曝光度1"调整图层和"手表"图层中间单击，创建剪贴蒙版，只调整手表的亮度，如图6-21所示。

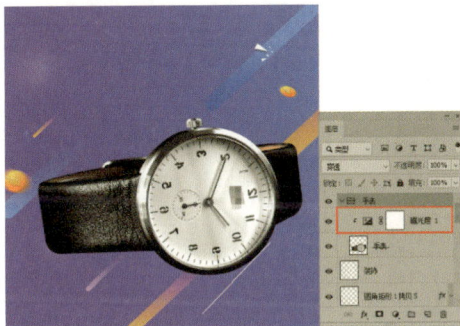

図6-21

④创建"色阶1"调整图层，设置参数，如图6-22所示。按Ctrl+Alt+G组合键创建剪贴蒙版，只调整手表的对比度，如图6-23所示。

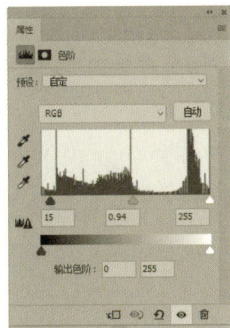 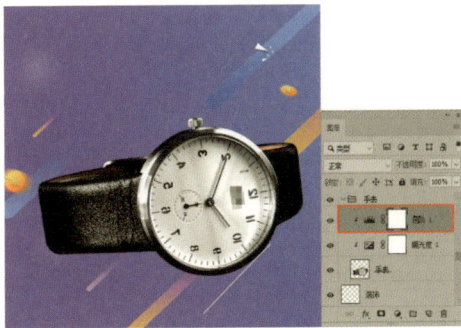

図6-22　　　　　　　　　図6-23

⑤创建新组，命名为"倒影"，隐藏"手表"图层，创建新图层，单击工具箱中"多边形套索工具"，在画面中创建选区，如图6-24所示，按Shit+F6组合键，打开"羽化选区"对话框，设置羽化半径为"11像素"，如图6-25所示。

图6-24

图6-25

⑥为选区填充黑色，按Ctrl+D组合键取消选区，设置图层的不透明度为"80%"，如图6-26所示。

⑦单击"图层"面板底部的"添加图层蒙版"按钮，为图层添加蒙版。单击工具箱中的"渐变工具"，单击"线性渐变"按钮，在"预设"选项中选择"前景色到透明渐变"，画面从右往左拖动鼠标指针，制作阴影效果，如图6-27所示。

图6-26

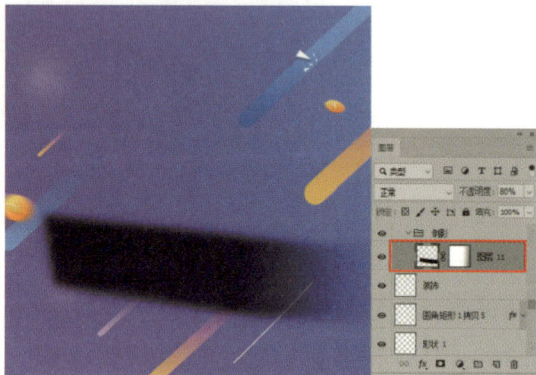

图6-27

⑧创建新图层，隐藏下方的阴影图层，单击工具箱中的"椭圆选框工具"，在画面中创建选区，如图6-28所示。

⑨按Shift+F6组合键，打开"羽化选区"对话框，设置"羽化半径"为"12像素"，单击工具箱"渐变工具"，单击"径向渐变"按钮，在选区内从中心向外拖动鼠标指针，填充径向渐变，设置该图层的不透明度"60%"，如图6-29所示。

图6-28

图6-29

⑩再次创建新图层，在画面中创建椭圆选区，如图6-30所示。

⑪按Alt+Delete组合键填充黑色，按Ctrl+D组合键取消选区，单击工具箱中的"橡皮擦工具"，在椭圆两侧轻轻擦拭，制作投影效果，如图6-31所示。

图6-30

图6-31

⑫用上述制作手表投影的操作方法，制作其他的投影效果，如图6-32所示。显示"手表"图层，效果如图6-33所示。

图6-32

图6-33

3.添加文字

①创建新组，命名"全国联保"，单击工具箱"矩形工具"，在属性栏设置"填充"为#eclc43，"描边"为无，在画面右上角绘制矩形，如图6-34所示。

②按Ctrl+T组合键，在定界框内单击鼠标右键，选择"扭曲"选项，调整矩形，并在矩形内输入"全国联保"文字，如图6-35所示。

图6-34　　　　　　　　　　　　图6-35

③继续选择"横排文字工具"，设置字体为"黑体"，文字颜色为#ffed02，输入"全网销量领先"，双击文字图层，勾选"投影"，设置参数，如图6-36所示，单击"确定"按钮，即可为文字应用投影样式，如图6-37所示。

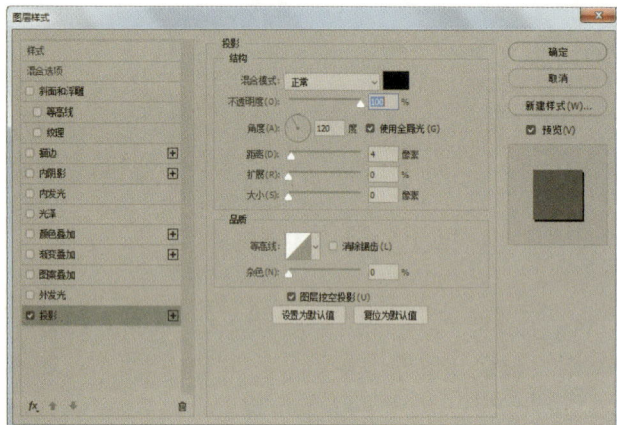

图6-36　　　　　　　　　　　　图6-37

④按Ctrl+O组合键，打开"光.png"素材文件，添加到编辑的画面中，设置其图层的混合模式为"滤色"，如图6-38所示。

⑤选择"横排文字工具"，在"全网销量领先"的下方输入白色文字，如图6-39所示。

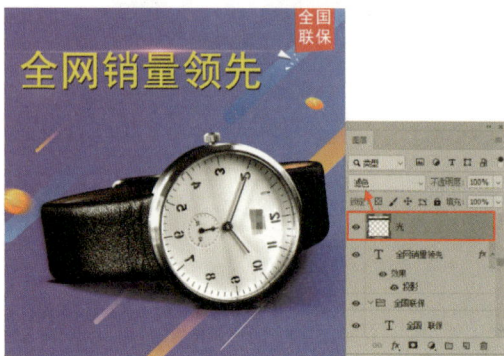

图6-38　　　　　　　　　　　　图6-39

⑥创建新组，命名为"赠品"。单击工具箱中的"圆角矩形工具"，在属性栏中设置"填充"为#ec1c43，"描边"为无，半径为"25像素"，在画面中绘制一个圆角矩形，如图6-40所示。

⑦单击工具箱中的"椭圆工具"，再按住Shift键同时按住鼠标左键拖动鼠标，在圆角矩形左边绘制一个圆形，如图6-41所示。

⑧按Ctrl+J组合键复制圆形图层，再按Ctrl+T组合键，调整复制的圆形的大小，在属性栏中修改其填充为无，描边为黑色，描边宽度为"1点"，描边类型为虚线，设置图层"不透明度"为50%，效果如图6-42所示。

图6-40   图6-41   图6-42

⑨选择"横排文字工具"，在绘制的圆形和圆角矩形中输入文字，文字颜色为#ffed02，如图6-43所示。

⑩单击工具箱中的"矩形工具"，设置"填充"为#821e0d，"描边"为无，在画面底部绘制矩形，如图6-44所示。

⑪单击工具箱中的"直接选择工具"，单击选择左下角的锚点，按住Shift键水平移动锚点，对矩形进行变形，如图6-45所示。

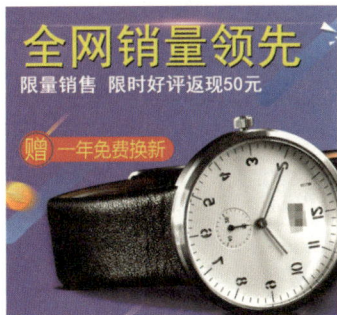  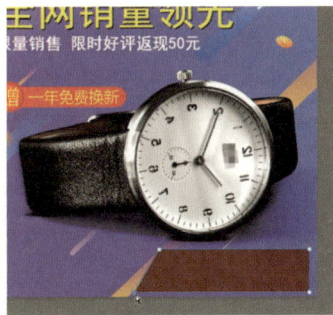

图6-43   图6-44   图6-45

⑫使用同样的方法，分别绘制填充颜色为#e5004f和填充颜色为#ff9100的图形，如图6-46所示。用户前面输入文字的操作方法，输入如图6-47所示的文字。

图6-46　　　　　　　　　　　图6-47

⑬单击工具箱中的"椭圆工具"，在属性栏中设置"填充"为白色，"描边"为无，在画面中绘制椭圆，如图6-48所示。

⑭设置椭圆图层的不透明度为"25%"，按住Alt键，在原图层和文字图层之间单击，创建剪贴蒙版。为文字图层添加高光效果，如图6-49所示。

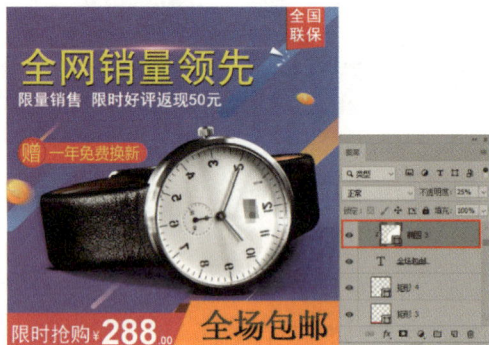

图6-48　　　　　　　　　　　图6-49

⑮创建新图层，单击工具箱中的"多边形套索工具"，在画面中创建选区，如图6-50所示。

⑯单击工具箱中的"渐变工具"，单击"径向渐变"按钮，在选区左上角从选区内向外拖动鼠标指针，填充径向渐变，按Ctrl+D组合键取消选区，设置该图层的"不透明度"为"25%"，添加高光效果，最终效果如图6-51所示。

图6-50　　　　　　　　　　　图6-51

二、巩固训练——制作蜂蜜钻展图

实用指数：☆☆☆☆☆

技术掌握：圆角矩形工具、横排文字工具、图层样式的使用方法。

食品的钻展图需要将食品的特色展现出来，如食品的味道、功效等。同时也需要展示食品的质感，将食品和背景相结合，仿佛将美食的味道呈现了出来，画面整体不宜添加过多的装饰，只需突出主体物品即可，最终效果如图6-52所示。

图6-52

典型工作环节三　设计制作首页图

本节结合前面所学知识，以案例形式介绍电商店铺首页的设计。

一、边学边练

实用指数：☆☆☆☆☆

技术掌握：商业广告的设计及制作方法。

本案例制作的是家用电器店铺首页，通过添加商品素材、绘制图形，并为素材添加图层样式，搭配文字介绍，将不同种类的家用电器呈现在首页中，为浏览者营造一种商品琳琅满目的视觉效果。

1.制作海报

①启动Photoshop CC 2019软件，执行"文件"→"新建"命令，新建一个1920像素×3259像素的文件，如图6-53所示。

②执行"文件"→"打开"命令，打开"木纹.png"素材，将其拖曳至画面顶部，如图6-54所示。

③打开"光圈.png"素材，将其拖曳至画面的上方，如图6-55所示。

④在"图层"面板中设置"光圈"图层的混合模式为"滤色",如图6-56所示。

图6-53

图6-54

图6-55

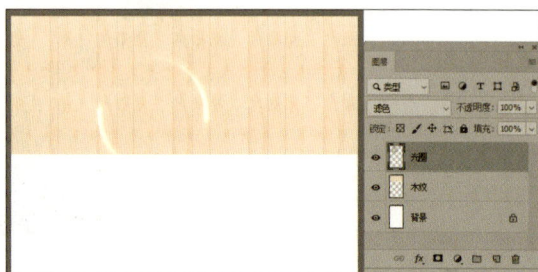

图6-56

⑤单击"图层"面板底部的"添加图层蒙版"按钮,为"光圈"图层添加蒙版,并使用黑色画笔在光圈下半部分上涂抹,如图6-57所示。

⑥按Ctrl+O组合键,打开"木栏.png"和"电器.png"素材,拖曳至画面中合适的位置,如图6-58所示。

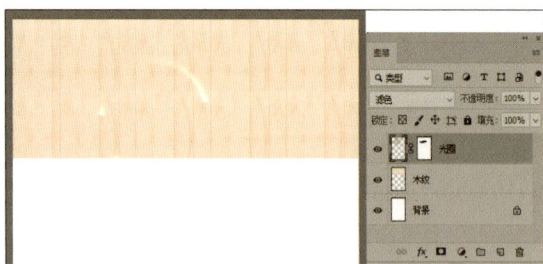

图6-57

图6-58

⑦在"电器"图层的下方新建图层,选择"画笔工具",在属性栏中设置画笔类型为"柔边圆",适当设置不透明度,修改前景色为白色,在电器底部涂抹,效果如图6-59所示。

⑧按Ctrl+O组合键,打开"飘带.png"素材,拖曳至电器两侧,如图6-60所示。

⑨打开"食物1.png"和"食物2.png"素材，将它们拖曳至合适的位置，如图6-61所示。

图6-59 　　　　　　　　图6-60 　　　　　　　　图6-61

⑩双击"食物1"图层，打开"图层样式"对话框，勾选"投影"复选框，设置参数，如图6-62所示。单击"确定"按钮，即可应用图层样式，如图6-63所示。

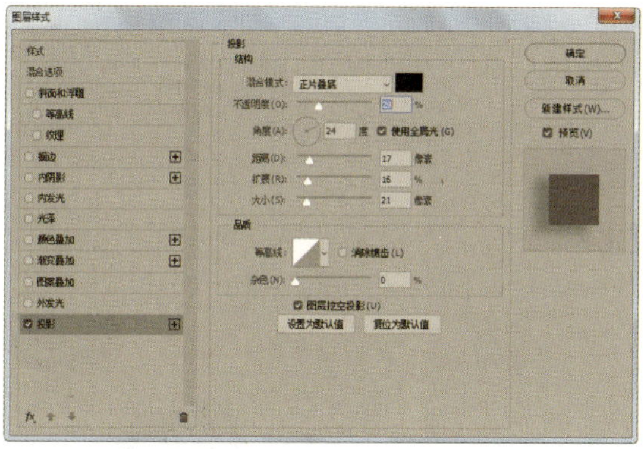

图6-62 　　　　　　　　　　　　　图6-63

⑪双击"食物2"图层，打开"图层样式"对话框，勾选"投影"复选框，设置参数，如图6-64所示。单击"确定"按钮，即可应用图层样式，如图6-65所示。

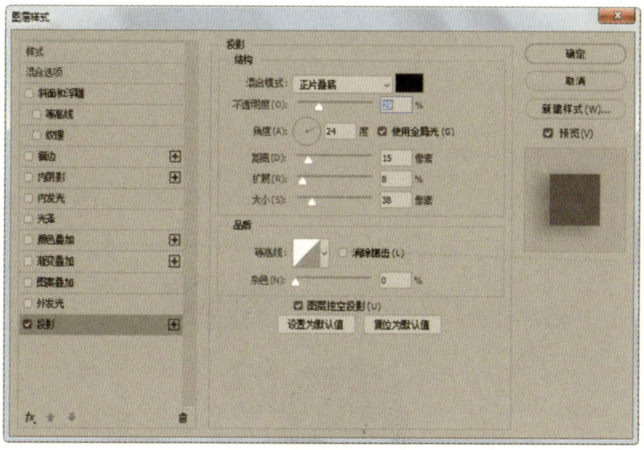

图6-64 　　　　　　　　　　　　　图6-65

⑫按Ctrl+O组合键，打开"调料1.png"和"调料2.png"素材，将其拖曳至画面中，调整它们的大小并移动至画面右边，如图6-66所示。

图6-66

⑬使用前面添加投影的操作方法，为两个素材添加投影效果，其投影参数如图6-67所示。效果如图6-68所示。

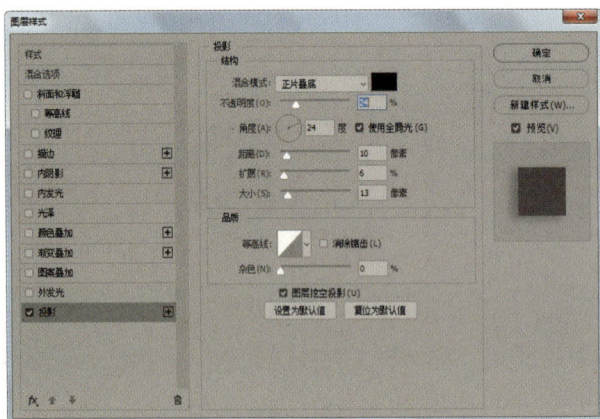

图6-67

图6-68

⑭选择"椭圆工具"，在画面右侧绘制白色圆形，并适当调整其不透明度，如图6-69所示。

⑮选择"横排文字工具"，设置字体为"黑体"，文字颜色为64200e，在画面右侧空白处输入文字"好"，如图6-70所示。

图6-69

图6-70

⑯按Ctrl+O组合键，打开"光3.png"素材，拖曳至画面中，如图6-71所示。

⑰在"图层"面板中设置"光3"图层的混合模式为"滤色"，如图6-72所示。

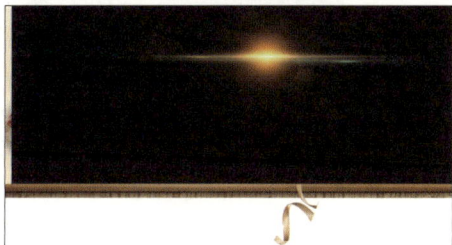

图6-71

图6-72

⑱按住Alt键，在"光3"图层和"好"文字图层中间单击，创建剪贴蒙版，让光束的效果只在文字上方显示，如图6-73所示。

⑲选择"横排文字工具"，输入"器"和"做好饭"文字，如图6-74所示。

图6-73

图6-74

⑳双击"做好饭"文字图层，打开"图层样式"对话框，勾选"渐变叠加"复选框，设置从#9d3e08到#853804的渐变颜色，如图6-75所示。单击"确定"按钮，即可为文字应用图层样式，如图6-76所示。

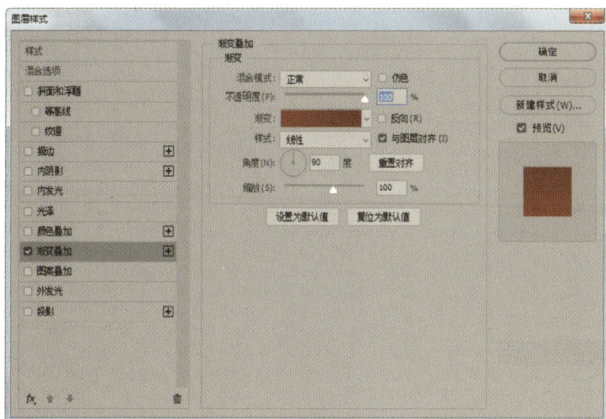

图6-75

图6-76

㉑选择"直排文字工具"，修改字体为"方正姚体"，稍微减小字号，在右边输入文字，如图6-77所示。

㉒按Ctrl+O组合键，打开"光4.png"素材，拖曳至画面，如图6-78所示。

图6-77

图6-78

㉓设置"光4"图层的混合模式为"滤色"，并创建剪贴蒙版，使光束效果只显示在文字上，效果如图6-79所示。

㉔选择"钢笔工具"，在文字的旁边绘制线段，如图6-80所示。

图6-79

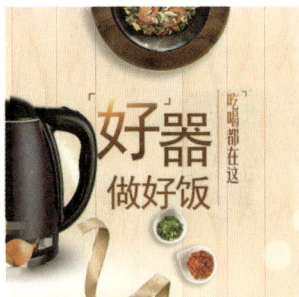

图6-80

㉕选择"矩形工具"，设置"填充"为黑色，"描边"为无，绘制矩形，如图6-81所示。

㉖双击"矩形1"图层，打开"图层样式"对话框，勾选"渐变叠加"复选框，单击"渐变"右侧的颜色条，打开"渐变编辑器"对话框，设置从#f77223到#df3f03再到#e74e0a的渐变颜色，如图6-82所示。

图6-81

图6-82

㉗单击"确定"按钮，返回"图层样式"对话框，设置其他参数。如图6-83所示，单击"确定"按钮，即可应用图层样式，如图6-84所示。

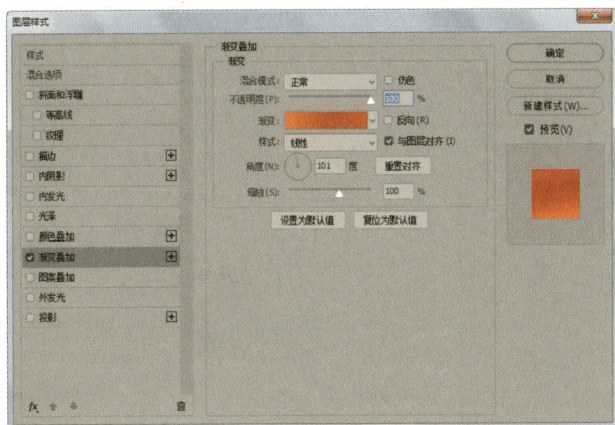

图6-83

图6-84

㉘ 选择"横排文字工具"，设置字体为"楷体"，文字颜色为白色，在矩形内输入文字，如图6-85所示。

㉙ 按Ctrl+O组合键，打开"食物4.png"素材，将其拖曳至画面右上角位置，并为其添加投影效果，如图6-86所示。

㉚创建图层组，将组名改为"海报"，将之前制作的所有内容移至该组内。

图6-85

图6-86

2.制作优惠券

①选择"矩形工具"，在海报的下方绘制白色矩形，如图6-87所示。

图6-87

②按Ctrl+J组合键，复制矩形图层，再按Ctrl+T组合键，缩小复制的矩形。双击复制的矩形图层，打开"图层样式"对话框，勾选"描边"复选框，设置参数，如图

179

6-88所示，单击"确定"按钮，即可应用图层样式，效果如图6-89所示。

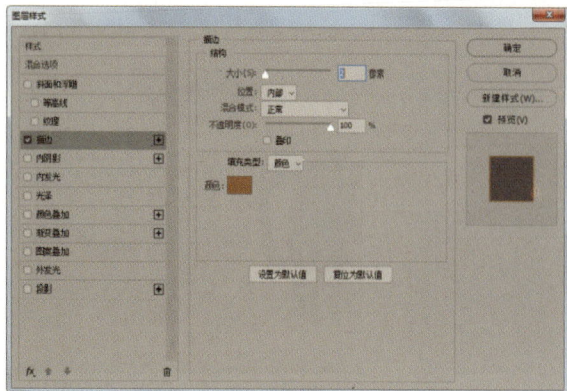

图6-88

图6-89

③选择"横排文字工具"，设置字体为"黑体"，文字颜色为#ac7848，在矩形内输入文字，如图6-90所示。

④修改文字颜色为#c70000,在优惠券的下方输入"立即领取"。再选择"自定形状工具"设置"填充"为#ac7848，"描边"为无，在"形状"下拉面板中选择"方块形卡"图形，如图6-91所示，在"立即领取"左右两侧绘制方块，如图6-92所示。

图6-90

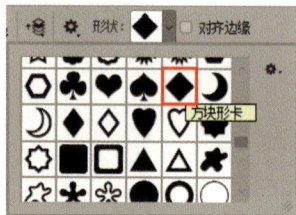

图6-91

图6-92

⑤双击方块所在的图层，打开"图层样式"对话框，勾选"斜面和浮雕"复选框，设置参数，如图6-93所示。单击"确定"按钮，即可应用图层样式，如图6-94所示。

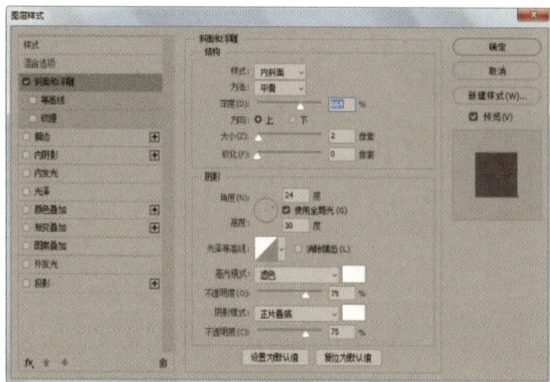

图6-93

图6-94

⑥运用上述的操作方法，制作其他优惠券，如图6-95所示。

图6-95

3.制作导航区

①选择"横排文字工具"，设置字体为"黑体"，文字颜色为#c1a35f，在优惠券的下方输入"快速导航>>"文字，如图6-96所示。

图6-96

②在文字下方绘制白色矩形，如图6-97所示，并添加"描边"图层样式，如图6-98所示。

图6-97

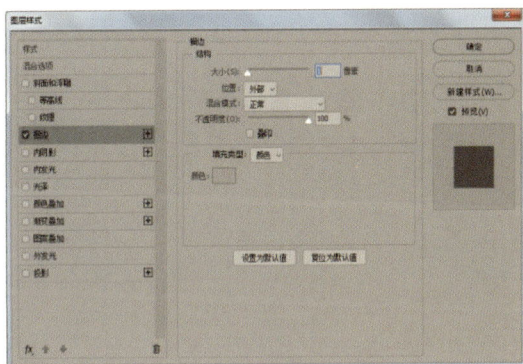

图6-98

③按Ctrl+O组合键，打开"豆浆机.png"素材，将其拖曳至矩形处，并在图片下方输入"豆浆机"，如图6-99所示。

④使用相同方法，添加其他素材，并输入文字，如图6-100所示。

图6-99

图6-100

⑤打开"冰激凌.png"和"鸡块.png"素材，分别拖曳至导航区两侧，如图6-101所示。

图6-101

4.制作商品抢购区

①选择"矩形工具"，在属性栏中设置"填充"为#e2f8fe，"描边"为无，在导航区的下方绘制矩形，如图6-102所示。

②按Ctrl+O组合键，打开"叶子.png""食物3.png"和"卡通蛋.png"素材，将它们拖曳到矩形左侧位置，并适当添加投影效果，如图6-103所示。

图6-102

图6-103

③选择"钢笔工具"，设置"描边"为无，"填充"为黑色，描边宽度为"0.4像素"，在画面中绘制曲线。再选择"椭圆工具"，设置"填充"为#fd6b5c，"描边"为无，在曲线右边的端点处绘制圆形，在"图层"面板中设置该圆形图层的"不透明度"为80%，如图6-104所示。

④在矩形左侧空白处输入黑色文字，字体为"幼圆"，如图6-105所示。

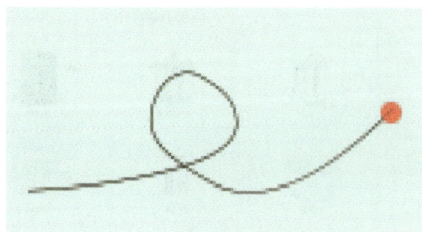

图6-104

图6-105

⑤打开"光1.png"和"光2.png"素材，拖曳至画面中的文字所在位置，如图6-106和图6-107所示。

图6-106

图6-107

⑥设置"光1"涂层的混合模式为"浅色"，"光2"图层的混合模式为"滤色"，并为两个图层创建剪贴蒙版，让光束效果只显示在文字上，效果如图6-108所示。

⑦在文字下方绘制两条直线，并在直线中间输入文字，按Ctrl+J组合键，复制"光1"图层两次，分别将复制的图层移至直线图层和文字图层的上方，并修改图层混合模式为"线性减淡（添加）"，如图6-109所示。

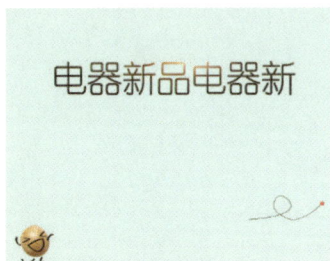

图6-108

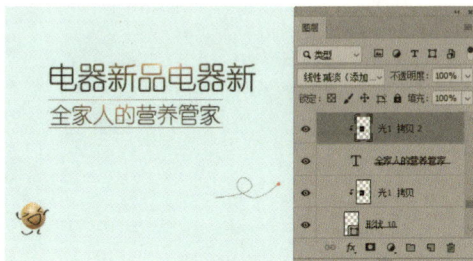

图6-109

⑧选择"椭圆工具"，在属性栏中设置"填充"为无，"描边"为#595959，描边宽度为"1像素"，在下方空白处绘制圆形框，并在圆形框内输入文字，如图6-110所示。

⑨按Ctrl+J组合键，复制"光1拷贝2"图层，将复制的图层拖曳到所有文字图层的最上方。为"光1拷贝3"图层添加图层蒙版，并选中图层蒙版，选择"椭圆选框工具"，绘制与圆形框同样大小的圆形选区，并按Ctrl+Shift+I组合键反选选区，如图6-111所示。

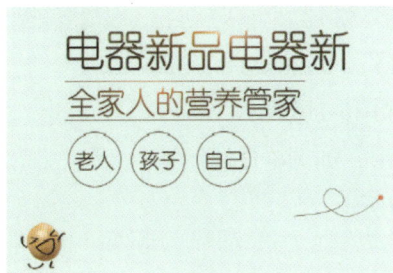

图6-110

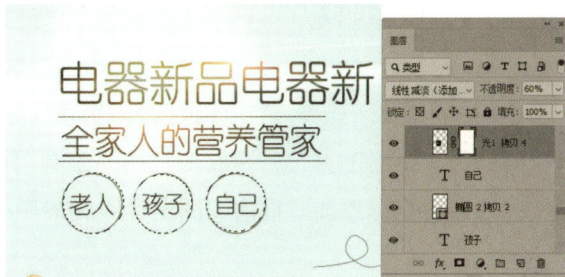

图6-111

⑩设置前景色为黑色，按Alt+Delete组合键为图层蒙版填充黑色，使光的效果只显示在圆形框内，如图6-112所示。

⑪在下方输入红色数字和符号，并在右边绘制白色圆角矩形，如图6-113所示。

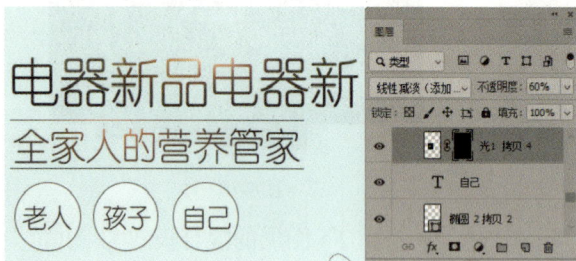

图6-112

图6-113

⑫为数字、符号和圆角矩形添加"外发光""渐变叠加""内发光""描边"图层样式，各种图层样式的参数如图6-114所示。单击"确定"按钮，即可应用图层样式。

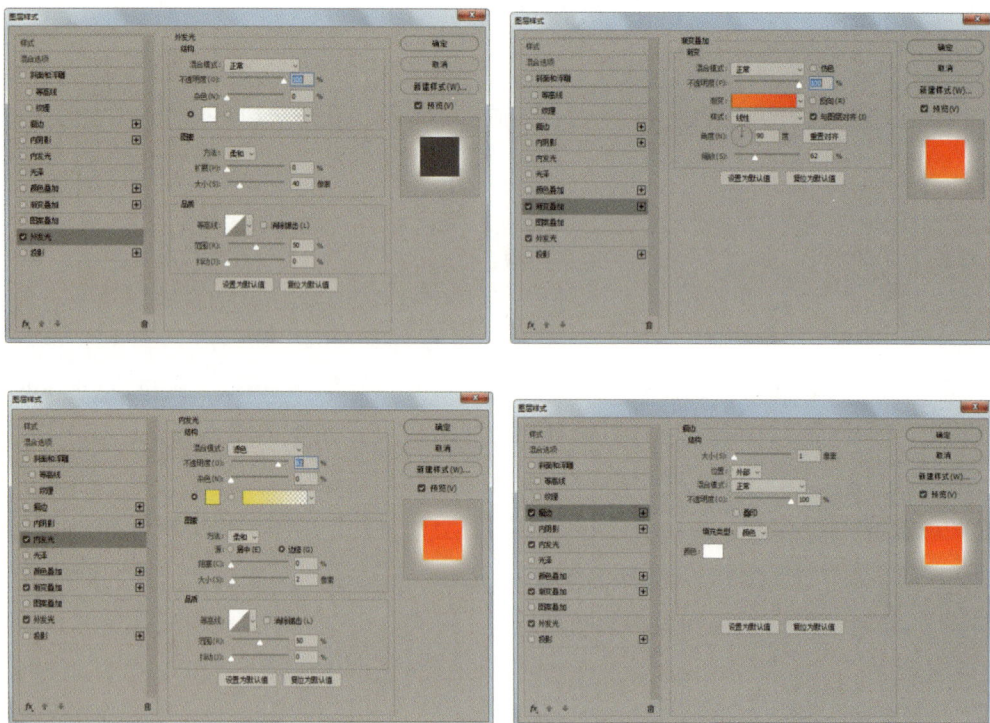

图6-114

⑬在圆角矩形内输入"立即抢购>"黑色文字，如图6-115所示。

⑭选择"矩形工具"，在右侧空白处绘制白色矩形，如图6-116所示。

⑮为白色矩形添加"描边"图层样式，如图6-117所示。

图6-115

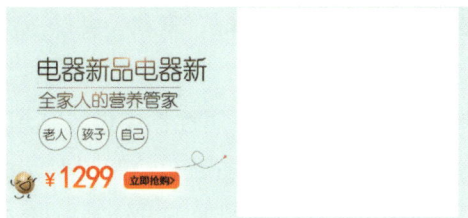

图6-116

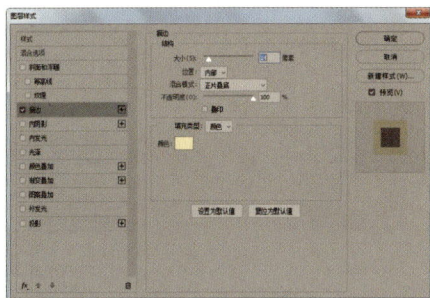

图6-117

⑯按Ctrl+O组合键，打开"电器背景.png"素材，拖曳至矩形位置，如图6-118所示。

⑰按住Alt键，在"电器背景"图层和"矩形2"图层中间单击，创建剪贴蒙版，效果如图6-119所示。

图6-118

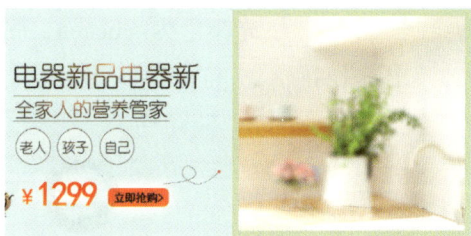

图6-119

⑱打开"双锅.png"素材，将其拖曳至电器背景位置，适当调整大小，如图6-120所示。

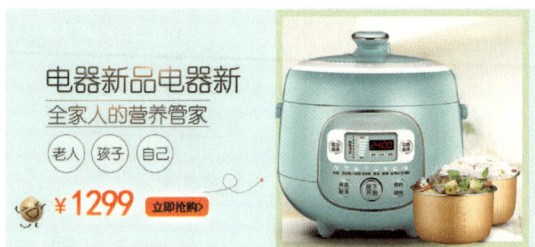

图6-120

⑲选择"矩形工具"，设置"填充"为#f8e2eb，"描边"为无，在下方空白位置绘制矩形。修改"填充"为无，"描边"为白色，描边宽度为"1.5点"，在矩形内绘制白色矩形框，如图6-121所示。

⑳在矩形内添加"茶壶.png"素材，并输入文字，在下方文字的上方和下方绘制白色直线，如图6-122所示。

㉑选择"椭圆工具"，在属性栏中设置"填充"为白色，"描边"为#a52f23，描边宽度为"2像素"，在矩形右下角绘制圆形，再选择"矩形工具"，设置"填充"为#a52f23，"描边"为无，在圆形下方绘制矩形，如图6-123所示。在圆形和矩形内输入文字，如图6-124所示。

图6-121　　　　　图6-122　　　　　图6-123　　　　　图6-124

㉒使用相同的操作方法绘制颜色为#ebeaea的矩形并添加"小锅.png"和"煎蛋.png"素材，如图6-125所示。在矩形左侧绘制一个颜色为#fd6b5c的小矩形，如图6-126所示。为矩形图层添加图层蒙版，选中图层蒙版，选择"钢笔工具"，在矩形右侧绘制三角形，填充颜色为#ebeaea，图形效果如图6-127所示。在矩形内输入文字信息，如图6-128所示。

图6-125　　　　　　　　　　　　图6-126

图6-127　　　　　　　　　　　　图6-128

㉓使用上述的操作方法，添加商品素材，制作其他的活动区域，如图6-129所示。最后画面左右两侧空白处添加"草莓.png"和"菜篮.png"素材，丰富画面，设置"草莓"图层的"不透明度"为76%，家用电器店铺首页最终效果如图6-130所示。

图6-129

图6-130

二、巩固训练——制作烤箱店铺首页

实用指数：☆☆☆☆☆

技术掌握：圆角矩形工具、横排文字工具、图层样式的使用。

本练习制作烤箱店铺首页，将主要商品烤箱和用烤箱制作的面包搭配体现出烤箱的实用性。美食类的电商店铺首页需要较多的食品素材，将美食作为首页的装饰，能够直观地向观众传递产品信息，使用视觉冲击展现出产品的特色。

最终效果如图6-131所示。

图6-131

典型工作环节四　设计制作详情页图

本节将结合前面所学知识，以案例的形式介绍电商店铺详情页的设计。

一、边学边练

实用指数：☆☆☆☆☆

技术掌握：图层样式、横排文字工具、矩形工具的使用。

本案例制作的是大闸蟹详情页，美食类的详情页需要展示食品的细节，通过添加精美的大闸蟹商品图，将产品信息和精美的食品图片搭配，加上对食品细节的展示，仿佛能够让人们品尝到食品的味道。

1.制作海报

①启动Photoshop CC 2019软件，执行"文件"→"新建"命令，新建一个1920像素×3259像素的文件，如图6-132所示。

②选择"矩形工具"，在画面顶部绘制矩形（颜色可任意设置），如图6-133所示。

③按Ctrl+O组合键，打开"大闸蟹.jpg"素材，将其拖曳至矩形位置，如图6-134所示。

 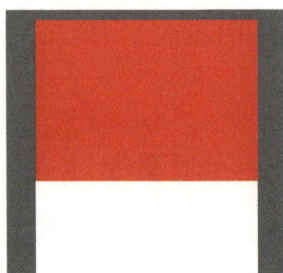 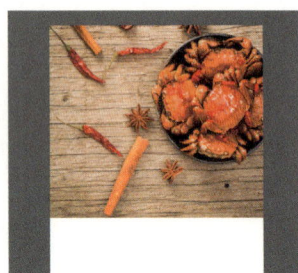

图6-132　　　　　　　　图6-133　　　　　　　　图6-134

④按住Alt键，在"大闸蟹"图层和"矩形1"图层中间单击，创建剪贴蒙版，效果如图6-135所示。

⑤在图片的左侧绘制黑色矩形，并设置该矩形的图层"不透明度"为39%，如图6-136所示。

图6-135　　　　　　　　　　　　　　图6-136

⑥继续选择"矩形工具",在属性栏中设置"填充"为无,"描边"为白色,描边宽度为"4像素",在矩形内绘制矩形框,如图6-137所示。

⑦单击"图层"面板底部的"添加图层蒙版"按钮,添加图层蒙版,选中蒙版,使用黑色画笔,涂抹矩形框,效果如图6-138所示。

⑧按Ctrl+O组合键,打开"金粉背景.jpg"素材,将其拖曳至画面左侧,如图6-139所示。

图6-137 　　　　　　　　　图6-138 　　　　　　　　　图6-139

⑨按住Alt键,在"金粉背景"图层和"矩形3"图层中间单击,创建剪贴蒙版,效果如图6-140所示。

⑩选择"横排文字工具",设置字体为"楷体",在矩形框内输入"大闸蟹",如图6-141所示。

图6-140 　　　　　　　　　　　　　　　图6-141

⑪双击"大闸蟹"文字图层,勾选"投影"复选框,设置参数,如图6-142所示。单击"确定"按钮,应用图层样式,如图6-143所示。

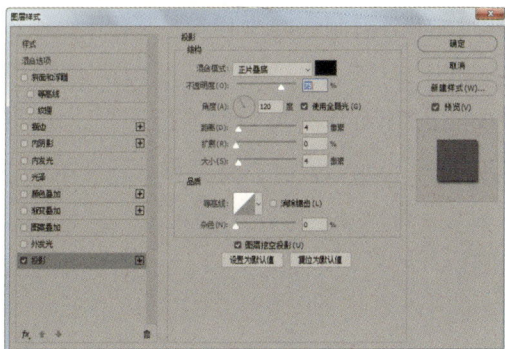 

图6-142 　　　　　　　　　　　　　　　图6-143

⑫在"图层"面板中选中"金粉背景"图层，按Ctrl+J组合键，复制"金粉背景"图层，将复制的图层移至"大闸蟹"文字图层上方，再按Ctrl+T组合键，将其缩小，为复制的图层创建剪贴蒙版，效果如图6-144所示。

⑬选择"椭圆工具"，设置"填充"为#af0b0c，"描边"为无，在矩形框的缺口处绘制圆形，然后再复制一个，并在圆形内输入文字，如图6-145所示。

⑭继续选择"椭圆工具"，修改"填充"为无，"描边"为#ee1727，描边宽度为"1.33像素"，在矩形框的下方绘制圆形框，将其复制3次，水平移动，如图6-146所示。

图6-144　　　　　　　　　　图6-145　　　　　　　　　　图6-146

⑮为每个圆形框所在的图层添加图层蒙版，依次选中各个图层蒙版，涂抹圆形框，效果如图6-147所示。

⑯在圆形框内输入"实物现货"文字，文字颜色为白色，如图6-148所示。

图6-147　　　　　　　　　　　　　图6-148

⑰创建图层组，修改组名称为"主图"，将之前制作的所有图层都移至该组中。

2.制作商品特色区

①在"主图"图层组的下方创建新组，修改名称为"商品特色"。执行"文件"→"置入嵌入对象"命令，置入"装饰图形.png"素材，将其移动到主图下方，如图6-149所示。

②双击"装饰图形"图层，打开"图层样式"对话框，勾选"投影"复选框，设置参数，如图6-150所示。

③勾选"颜色叠加"复选框，设置叠加颜色为红色（#ee0000），如图6-151所示。单击"确定"按钮，应用图层样式，如图6-152所示。

图6-149

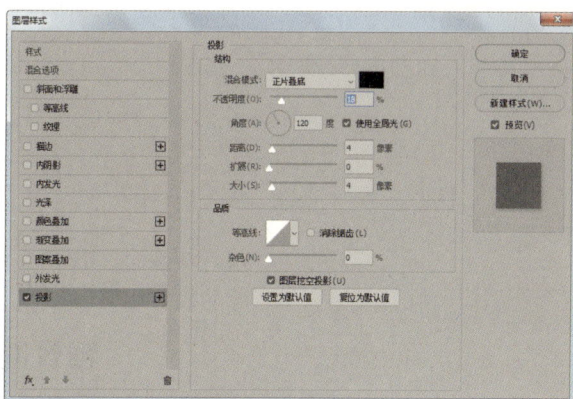

图6-150

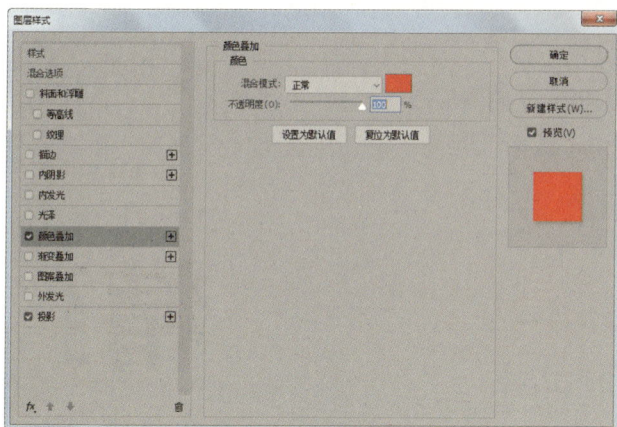

图6-151

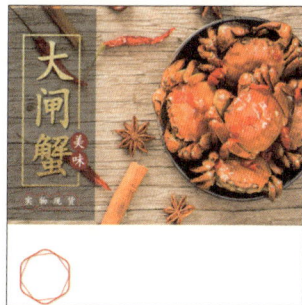

图6-152

④使用"横排文字工具",在圆形内部输入红色文字,在圆形下方输入黑色文字,如图6-153所示。

⑤使用同样的方法制作其他内容,如图6-154所示。

图6-153

图6-154

⑥按Ctrl+O组合键,打开"背景纹.jpg"素材,将其拖曳至主图下方,如图6-155所示。

⑦选择"横排文字工具"，设置字体为"黑体"，文字颜色为黑色，在黑色文字下方输入文字，如图6-156所示。

图6-155

图6-156

⑧选择"圆角矩形工具"，设置"填充"为#de0124，"描边"为无，"半径"为"20像素"，在文字下方绘制圆角矩形，如图6-157所示。

⑨在圆角矩形的左侧绘制白色小矩形，并为矩形图层添加图层蒙版，在矩形左侧涂抹，如图6-158所示。

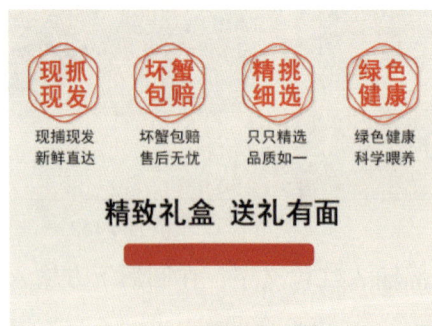

图6-157

图6-158

⑩双击该矩形图层，打开"图层样式"对话框，勾选"渐变叠加"复选框，设置从灰色（#676767）到透明的渐变颜色，如图6-159所示。单击"确定"按钮，即可应用图层样式，如图6-160所示。

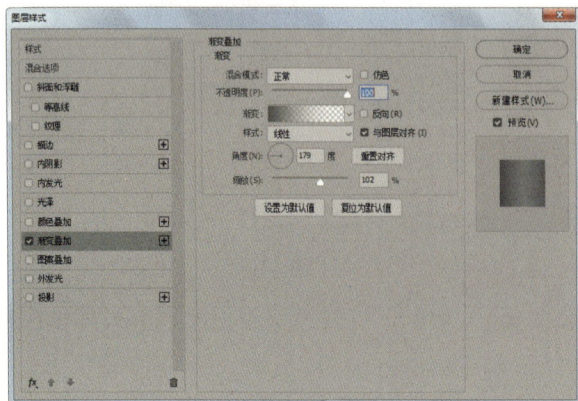

图6-159

图6-160

⑪按Ctrl+J组合键，复制该矩形图层，将矩形水平翻转并移至圆角矩形的右侧。在圆角矩形内输入白色文字，在圆角矩形下方输入黑色文字，如图6-161所示。

⑫按Ctrl+O组合键，打开"桂花.png""盒装.png""捆蟹.png"和"莲蓬.png"素材，将它们依次拖曳至文字下方，如图6-162所示。

图6-161

图6-162

⑬为"盒装"图层和"捆蟹"图层添加"投影"图层样式，如图6-163和图6-164所示。

图6-163

图6-164

⑭在素材下方绘制红色圆角矩形，在圆角矩形内输入白色文字，在圆角矩形右侧输入黑色文字，如图6-165所示。再在下方空白处连续输入"—"，制作两条虚线段，如图6-166所示。

图6-165

图6-166

⑮按Ctrl+J组合键，复制多个圆角矩形图层，并将它们移至合适的位置，输入文本，完成商品特色区的制作，如图6-167所示。

图6-167

3.制作商品展示区

①最后制作商品展示区域。在画面下方的空白处绘制黑色矩形，如图6-168所示。

②选择"横排文字工具"，设置字体为"黑体"，文字大小为"55.16点"，文字颜色为#ffedbd，在黑色矩形顶部输入"严苛筛选 膏满黄肥"。修改文字大小为"27.55点"，文字颜色为白色，在下方输入"玉盘珍馐 芳香四溢"，如图6-169所示。

图6-168

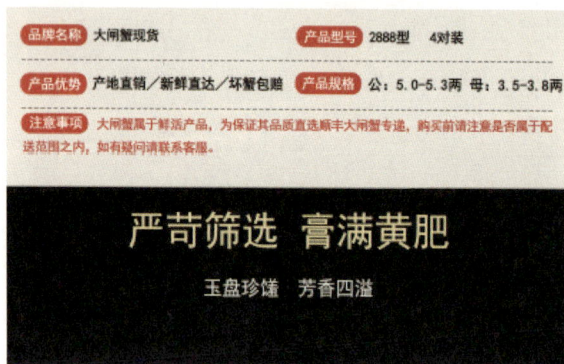

图6-169

③按Ctrl+O组合键，打开"展示1.jpg"素材，将其拖曳至文字下方，如图6-170所示。

④单击"图层"面板底部的"创建新的填充或调整图层"按钮，选择"曲线"选项，创建"曲线1"调整图层，设置参数，如图6-171所示。

⑤将"曲线1"图层移至"展示1"图层的上方，并为其创建剪贴蒙版，只调整展示图的亮度，如图6-172所示。

⑥创建新组，名称为"组1"，将"曲线1"图层和"展示1"图层移至组内。

图6-170
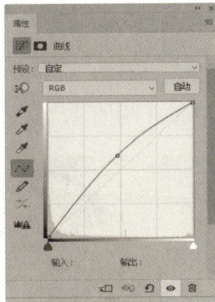
图6-171

图6-172

⑦选择"圆角矩形工具"，设置"填充"为白色，"描边"为#978a3c，描边宽度为"2像素"，"半径"为"5像素"，在展示图下方绘制圆角矩形，如图6-173所示。

⑧按Ctrl+O组合键，打开"展示2.jpg"素材，将其拖曳至圆角矩形位置，如图6-174所示。

⑨按住Alt键，在"展示2"图层和"圆角矩形3"图层中间单击，创建剪贴蒙版，如图6-175所示。

图6-173

图6-174

图6-175

⑩单击"图层"面板底部的"创建新的填充或调整图层"按钮，选择"曲线"选项，创建"曲线2"调整图层，设置参数，如图6-176所示。

⑪按住Alt键，在"曲线2"图层和"展示2"图层中间单击，创建剪贴蒙版。创建新组，名称为"组2"，将"曲线2"图层、"展示2"图层和"圆角矩形3"图层移至该组中，如图6-177所示。

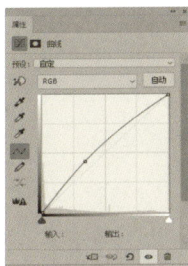
图6-176

图6-177

⑫使用上述操作方法，添加其他展示图，制作"组3"和"组4"的内容，如图6-178所示。

⑬大闸蟹详情页制作完成，最终效果如图6-179所示。

图6-178

图6-179

图6-180

二、巩固训练——制作橙子详情页

实用指数：☆☆☆☆☆

技术掌握：钢笔工具、横排文字工具、矩形工具的使用。

本练习制作的是橙子详情页，画面中添加了橙子的精致主图和装饰素材，搭配文字描述，体现出香橙果肉的多汁、美味和细嫩，还介绍了橙子的产品信息，包括产品名称、保质期和保存方法等，让购买者对商品有详细的了解。

本案例最终效果如图6-180所示。

课堂思考

1.钻展图设计要点有什么？

2.首页设计要点有什么？

3.详情页设计要点有什么？

课后训练

1.制作手机端钻展图

实用指数：☆☆☆☆☆

技术掌握：圆角矩形工具、横排文字工具、图层样式的使用方法。

手机端的钻展图和PC端的钻展图相比尺寸较小。制作手机端钻展图可以采用左文右图的布局，将文字信息和商品图片区分开，可以让浏览者快速便捷地浏览广告。本案例最终效果如图6-181所示。

图6-181

2.制作秋季上新的护肤品店铺首页

实用指数：☆☆☆☆

技术掌握：圆角矩形工具、横排文字工具、矩形工具的使用方法。

本案例是制作秋季上新的护肤品店铺首页，整体画面使用了暖色调，符合秋季给人们带来的温暖的感觉。树木、树叶等自然植物元素的装饰可以为首页营造温馨浪漫的感觉。本案例最终效果如图6-182所示。

3.制作炖汤药材详情页

实用指数：☆☆☆☆

技术掌握：直排文字工具、横排文字工具、矩形工具的使用方法。

本习题练习制作炖汤药材详情页，主要说明汤料搭配和药材的功效，将信息详细地传达给购买者，同时将精致的商品图展示出来，增强顾客的购买欲。

本案例最终效果如图6-183所示。

图6-182

图6-183

⬢ 评价反馈

表 6-1　活动过程评价小组自评表

组名		日期	年　月　日
评价指标	评价要素	分数	分数评定
信息检索	能有效利用网络、工作手册查找有用信息；能用自己的语言有条理地解释所学知识；能将查找的信息有效转换到工作中	10	
感知工作	是否熟悉各自的工作内容，在工作中是否获得满足感	10	
参与状态	探究学习、自主学习不流于形式；与教师、同学之间是否相互尊重，保持有效的信息交流；处理好独立思考和合作学习之间的关系，做到有效学习	20	
学习方法	工作计划、操作技能是否符合要求；是否获得了进一步发展能力	10	
工作过程	操作合规；出勤情况；每天完成任务的情况；善于多角度思考问题	15	
思维状态	能否发现问题、提出问题、分析问题、解决问题、创新问题	10	
自评反馈	按时按质完成工作任务；较好掌握了专业知识点；具有较强的信息分析能力和理解能力	25	
自评分数			
有益的经验和做法			
总结反思建议			

表 6-2　活动过程评价小组互评表

组名		日期	年　月　日
评价指标	评价要素	分数	分数评定
信息检索	该组能否有效利用网络、工作手册查找有用信息；能否用自己的语言有条理地解释所学知识；能否将查找的信息有效转换到工作中	15	
感知工作	该组是否熟悉各自的工作内容，在工作中是否获得满足感	10	
参与状态	该组与教师、同学之间是否相互尊重，保持有效的信息交流；是否处理好独立思考和合作学习之间的关系，做到有效学习	25	
学习方法	该组工作计划、操作技能是否符合要求；是否获得了进一步发展能力	10	
工作过程	该组是否操作合规；出勤情况；每天完成任务的情况；善于多角度思考问题	25	
思维状态	该组能否发现问题、提出问题、分析问题、解决问题、创新问题	5	
互评反馈	该组能严肃认真地对待自评	10	
互评分数			
简要评述			

表 6-3　教师评价表

组名和成员				
出勤情况				
评价指标	评价内容	评价标准	分值	分数
接受任务 任务描述	口述任务内容细节	表述仪态自然、吐字清晰； 表述思路层次分明、准确	10	
任务分析 分组情况	任务分析落实分组和任务分工	分组是否顺利、明确； 涉及理论知识回顾完整	20	
计划实施	任务实施中的学习、讨论和完成全过程	独立思考和小组学习结合； 尊重、友好氛围完成讨论； 顺利完成任务	55	
总结	任务总结	依据作品、自评和互评	15	
合计分数				

参考文献

［1］赵蔡跃.职业教育活页式教材开发指导手册[M].上海:华东师范大学出版社,2020.

［2］王亚盛,张传勇,于春晓.职业教育新型活页式、工作手册式、融媒体教材系统设计与开发指南[M].北京:化学工业出版社,2021.

［3］赵爱香,王爱芳,刘海明.Photoshop美工基础与网店装修(微课版)[M].北京:人民邮电出版社,2019.

［4］李芳,覃海宁.电商美工设计手册[M].北京:清华大学出版社,2020.

［5］刘艺.Photoshop电商美工设计实用教程[M].北京:人民邮电出版社,2020.

［6］瞿颖健.中文版Photoshop CC从入门到实战(全程视频版)[M].北京:中国水利水电出版社,2020.

［7］莫新平,吕学芳,姚晓艳,等.大学信息技术项目教程(微课+活页版)[M].北京:清华大学出版社,2020.